幕末の大砲、海を渡る

―長州砲探訪記―

郡司 健

鳥影社

はじめに

令和二年（二〇二〇）初春わが国は新型コロナウイルスに見舞われ、あっという間に全土に広まった。現在でもなお自由に海外へ行ける状況にはない。それゆえにこそかつて自由に海外へ行けた時代、相対的に安全な時代――それでも当時、ロンドンでは爆弾テロがあったが――ひとしお懐かしく想われるのは筆者だけはないであろう。

本書は、かつて幕末にイギリス、フランス、オランダ、アメリカの四か国の連合艦隊との戦闘によって連合艦隊に接収され関係各国に分配された大砲の探求・探訪の記録である。これらの大砲は、幕末に長州藩（萩藩）で造られ、下関戦争で使用されたことから、長州砲（Choshu Gun）あるいは下関砲（Shimonoseki Gun）と呼ばれる。

文久三年（一八六三）幕府の攘夷決行の布告に従って、松下村塾の久坂玄瑞を中心とする光明寺党は海峡を通過するアメリカの商船に砲撃を加えた。これを発端として、その後、オランダ・アメリカ・フランスの艦船を砲撃・交戦した。同じ年の七月には前年の生麦事件の賠償を薩摩藩に要求するためにイギリス艦隊が鹿児島湾に来航し、薩摩藩と交戦した。いわゆる薩英戦争である。

その翌年つまり元治元年（一八六四）にはイギリス（英）・フランス（仏）・オランダ（蘭）・アメリカ（米）

四か国の連合艦隊が下関に来襲し、砲撃と上陸戦を展開した。この両年の下関海峡における戦いは、下関戦争ないし馬関戦争と呼ばれた。とくに二年目（元治元年）の戦いは、欧米四か国の連合艦隊が大挙して下関の砲台を攻撃し上陸してきたところから、「四か国連合艦隊攘夷戦争」とも呼ばれている。

この戦いの結果、下関の各砲台に配置された大砲の多くは、勝利した英・仏・蘭・米に戦利品として没収され、各国に分配された。しかもこれらの大砲の数門は、一五〇年以上たった現在でも各国に残存している。これらの大砲は長州砲とか下関砲と称されるが、その中には江戸時代に筆者の先祖達が造った青銅砲も含まれている。この事実は直木賞作家古川薫氏の著作によって明らかにされてきた。

二〇〇一年、筆者はこれらの大砲が各国において現在どのようになっているのか、他にもまだ残っているのではないか、各国を実際に訪ねて探してみたくなった。やむにやまれぬ気持ちに突き動かされて、これらの大砲とその周辺事実の確認を含めて欧米四か国に長州砲探訪の旅にでかけた。それは数年で済むはずであったが、あらたな発見や出会いもあり、纏め上げるまでに二〇年の月日を要してしまった。まさに歳月は人を待たずの感が強い。

幕末の大砲、海を渡る
――長州砲探訪記――

目次

幕末の大砲、海を渡る

——長州砲探訪記——

第一章　下関戦争

一　海防から攘夷へ

関ケ原の合戦や大坂冬の陣・夏の陣では戦闘に鉄砲（火縄銃）だけでなくフランキ（佛狼機・仏郎機）とか石火矢と呼ばれる大型の大砲も使用された。その後、島原・天草の乱を最後に、大掛かりな戦争はなくなり、泰平の世が長く続いた。それとともに大砲や鉄砲への関心は極めて薄くなった。ただし、将軍吉宗の時代には、鎖国体制の維持のため日本近海に出没する異国船（唐船）に対して幕府は関係諸藩にその打払いを命じた。萩藩（長州藩）も例外ではなく、小倉藩や福岡藩とともに異国船の打払いに従事し、必要に応じて大筒打（砲術家）を召し抱え、大砲の鋳造を行ってきた。

江戸後期（一九世紀）になると、欧米列強の艦船が日本近海にたびたび出没するようになり、これらの外国艦船の侵入に対して国を守ろうという海防・国防意識が高まってきた。

とくに天保一一年（一八四〇）に勃発したアヘン戦争で清国が英国によって侵略された。このことが、わが国の危機感を大いに高めることとなった。このような状況の下に天保一二年（一八四一）には高島秋帆が、幕府の江川太郎左衛門英龍等の支援の下に徳丸原で西洋銃陣による大掛かりな演習をおこなった。

これまで和式大砲と火縄銃を中心に海防を準備してきた幕府や有力諸藩はその西洋銃陣の威力に大いに驚くとともに彼我の差を痛感した。有力諸藩は高島秋帆や江川英龍等の下に藩士を派遣し、できる限り西洋兵学と技術を吸収しようとした。

なかでも江川英龍はじめ西洋兵学に関心のあった諸藩の人たちが最も大きな関心を持ったのは、この当時世界最強の大砲といわれた、ペキサンス砲（ボンベカノン砲）という純度の高い錬鉄製の大砲である。幕府（江川英龍）や薩摩藩はいち早くこの大砲を青銅によって鋳造した。他の諸藩もまたこの大砲の鋳造を目指した。各地の反射炉築造の試みはそのような大砲を本来の錬鉄製として鋳造するためのものであった(1)。

嘉永六年（一八五三）に来航したペリー艦隊はこの種の大砲（ペキサンス砲・ダールグレン砲）を搭載していた。しかも、翌年には再来航するという。幕府・諸藩は今度こそはアメリカと一戦を交えるかもしれないという危機に備えて、江戸周辺の警衛を強化し、各種の西洋式大砲の準備にとりかかった。ペリーの再来航時には戦争を避けられたが、その後、欧米列強の開国の要求に対し、攘夷の動きが朝廷や水戸藩を中心に全国的に拡がり、列強との和親条約等を進めてきた幕府も結局、攘夷決行を決断し、文久三年（一八六三）四月に攘夷決行の日を決めて布告した。

二　文久三年（一八六三）の攘夷戦争

（一）攘夷決行と砲台配置

文久三年（一八六三）ころにはオランダやフランスの軍艦が下関海峡を通過し、あるいは下関港に寄港するようになった。全国的に攘夷の気分が強まり、四月二〇日に幕府は攘夷決行の日を五月一〇日と定め、各藩に布告した。長州藩もまたこれに応えて下関に大急ぎで砲台を築き、大砲と兵力を各砲台に緊急に配備した。

藩の上層部は必ずしも攘夷実行に積極的ではなかったが、久坂玄瑞が率いる過激派（光明寺党）は、攘夷決行の日五月一〇日の深夜から、下関沖を航行中のアメリカ商船ペンブローク号を藩の軍艦二隻（庚申《こうしん》・癸《き》亥《がい》）で砲撃した。

他方、五月一二日に、藩は、井上聞多（後の井上馨）・伊藤俊輔（後の博文）・野村弥吉（井上勝）・遠藤謹助・山尾庸三の五人（「長州ファイブ（長州五傑）」）を密かに英国（ロンドン大学）に留学させた。同日藩はまた、武具方検使役から砲兵教授方となった大組大筒打郡司武之助を正木市太郎等の砲術家とともに、下関に派遣した。武之助等は、海峡一帯の地区を検分し、前田の地を選んで砲台（台場）を起工した。この時期に、七つの砲台に計二八門、兵士約千人（萩本藩兵六五〇余人、久坂玄瑞等光明寺党兵五〇人、長府・清末藩兵三〇〇人余）が配置された。

砲台——壇ノ浦（長砲七、臼《きゅう》砲一）、弟子待（荻野流長砲七）、亀山社（長砲四）、杉谷（臼砲一、忽《こつ》砲一）、
　　前田（長砲五）、専念寺（長砲一）、細江（臼砲一）

軍艦——丙辰《へいしん》丸、庚申丸（長砲六）、壬戌《じんじゅつ》丸（小砲二）、癸亥丸（長砲一〇）

その内訳は、次の表のように示される(2)。

砲台	文久三年の下関主要砲台と備砲
壇ノ浦	(第1塁) 18 ポンドカノン砲 2 門、(第 2 塁) 12 ポンドカノン砲 4 門、(第 3 塁) 80 ポンド仏式砲（ペキサンス砲） 1門、100 ポンド臼砲 1 門
弟子待	荻野流連城砲（和式大砲） 7 門
亀山社	18 ポンドカノン砲 4 門
杉谷	150 ポンド臼砲 1 門、忽砲 1 門
前田	24 ポンドカノン砲 3 門、18 ポンド砲 2 門
専念寺	長砲 1 門
細江	20 ポンド臼砲 1 門
総計	大砲 28 門、兵士約 1,000 人

軍艦	丙辰丸 庚申丸 壬戌丸 癸亥丸	（自藩製造） 30 ポンド砲 6 門（自藩製造） 小砲 2 門（蒸気船、イギリスから購入） 18 ポンド砲 2 門、9 ポンド砲 8 門（購入木帆船）

文久三年の下関各砲台（┬：砲台）

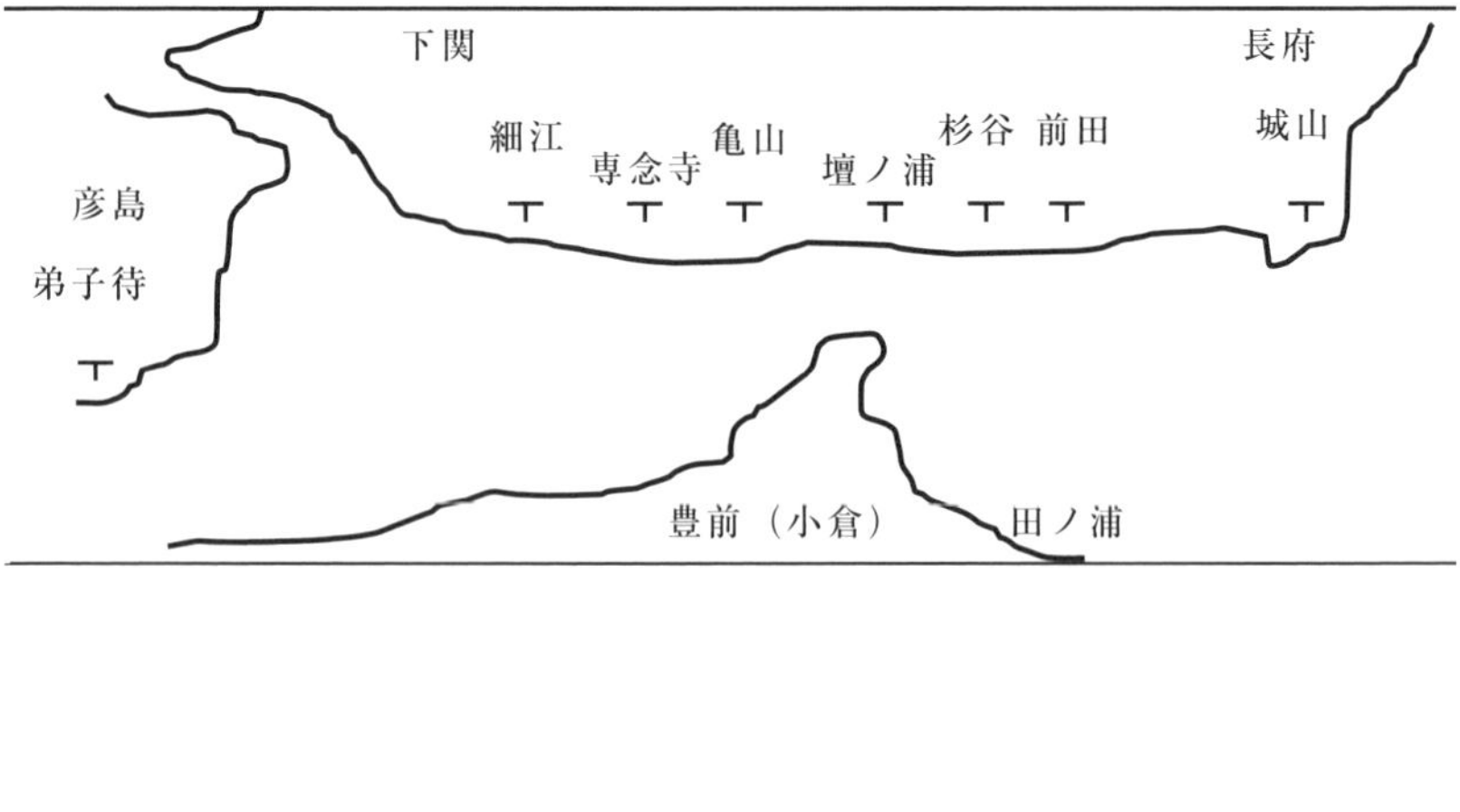

（二）大砲の種類

この時の下関砲撃戦において和流大砲よりも西洋式の大砲が多く配置されていることがわかるであろう。

ここで、臼砲はモルチール砲（mortar）ともいわれ、臼型の大砲であり、上方に高く打ち上げて着弾・爆発させる大砲である。いわゆる砲身の長い大砲は、長砲とかカノン砲（加農砲）ともいわれ、標的に対し水平に発射（平射・直射）する大砲である。忽砲は、ホイッツル砲（Howitzer）とも呼ばれ、臼砲よりも砲身が長いが、長砲ほど長くなく、カノン砲よりも角度高く発射する大砲（曲射砲）である。カノン砲がおもに平射し、直撃もしくはバウンドして標的を破壊するのに対し、忽砲の発射する砲弾は平射より高い角度で曲線を描いて着弾する。

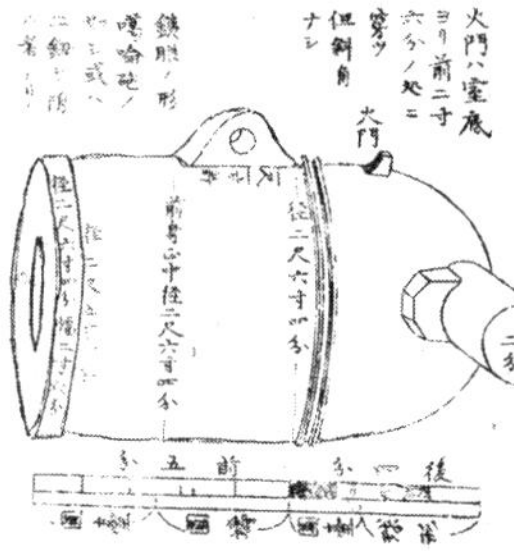

モルチール（臼砲）

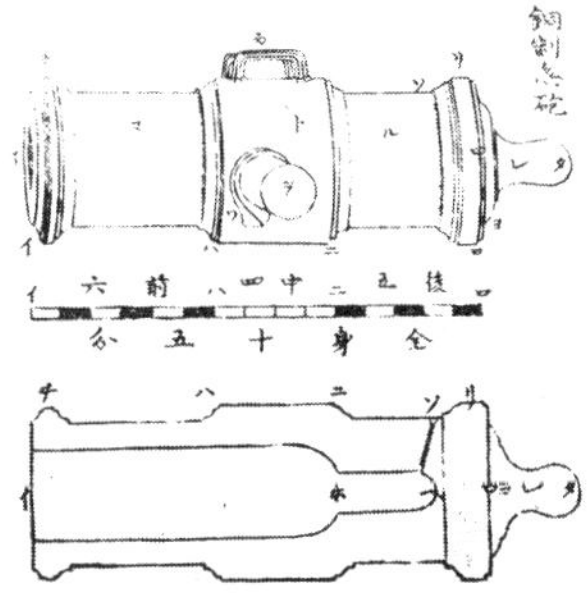

ホイッツル（忽砲）

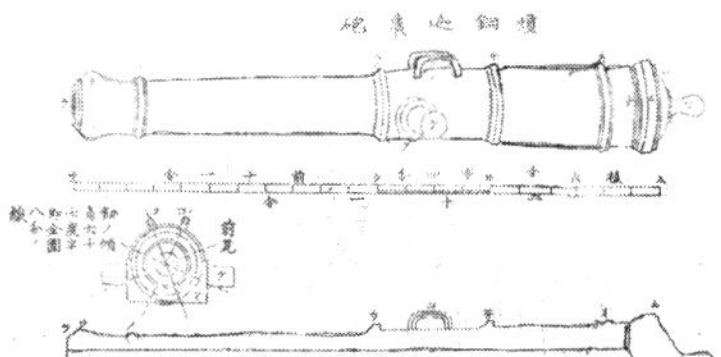

カノン砲（加農砲）

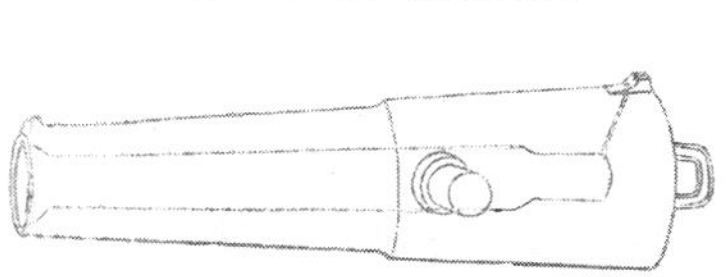

ペキサンス砲

（上田帯刀『西洋砲術便覧初編上』
三八、三二、三五、十一丁）

ところで、当時の大砲は丸い鉄の玉（弾丸・実弾）のみ使用するものと思われがちである。しかし、砲弾のなかには実弾だけでなく、発射後一定時限にあるいは着弾時に炸裂して多くの子弾が飛び散るような炸裂弾（榴弾）もすでにあった。西洋では、当時、破壊力・殺傷力の強い炸裂弾が多く用いられた。

このような炸裂弾を発射する西洋式大砲として、それまで臼砲や忽砲が多く用いられたが、カノン砲の中にも炸裂弾用に開発された大砲がある。ボンベカノンあるいはボムカノン（爆母砲、爆砲）と呼ばれる大砲がこれである。ボンベカノン砲は実弾用のカノン砲よりも砲身が若干短いのが一つの特徴である。

さらにボンベカノンの中で、より大きな（六十ポンド以上の）ボンベン弾を発射する大砲は、その考案者に因んでペクサン砲とか、ペキサンス砲とも呼ばれていた。この大砲は当時の欧米諸国では最強の大砲といわれていた。また、このようなペキサンス砲に類似するアメリカの大砲として考案者ダールグレンの名前を冠したダールグレン砲がある。ペリー来航時（一八五三）には、このような大砲がその当時の世界的な技術水準であった。

ところがその一〇年後の文久三年（一八六三）の時点において欧米ではすでに産業革命により蒸気機関が発明され、大砲技術に大幅なイノベーションがもたらされたことは、遣欧使節団（福澤諭吉等）や上海の高杉晋作・中牟田倉之助、遣米使節団（小栗忠順等）を除き、一般には知る由もなかったであろう。

そのような大砲の砲腔内に螺線状の線条（ライフル）を施し、回転しながらより遠くかつ正確に到達する先の尖った砲弾（尖頭型炸裂弾）を発射する最新鋭の大砲が、とくに薩英戦争や翌年の下関での連合艦隊との戦争で実戦に使用されることとなる。

（三）攘夷砲撃戦の概要

文久三年の攘夷戦争（下関・薩摩）の概要は次のように示される。

五月一〇日……幕府布告の攘夷決行の日、アメリカ商船ペンブローク（Pembrocke）号を藩の軍艦二隻で
　砲撃（五月十二日、五人の長州藩士英国へ密航留学）

五月二三日……フランス軍艦キンシャン（Kienchang）号に対し各砲台と軍艦とから砲撃

五月二六日……オランダ軍艦メデューサ（Medusa）号を砲撃、交戦

六月　一日……アメリカ軍艦ワイオミング（Wyoming）号が報復のため来襲、長州三艦撃破、米艦もか
　なり損傷

六月　五日……フランス軍艦セミラミス（Semiramis）号・タンクレード（Tancrede）号来襲、守備兵手
　薄のところ前田砲台と杉谷砲台を破壊

七月　二日……鹿児島湾で薩摩藩と英国艦隊とが交戦（薩英戦争）

下関における五回の砲撃戦の中で、五月の三回は長州側の一方的な攘夷砲撃であったが、六月の二回はアメリカとフランスによる報復攻撃戦であった。

この後、長州藩では今後予想される欧米列強の総攻撃に備えて、藩内の梵鐘・銅器類を集め、砲術師範で藩の大砲製造主任である郡司千左衛門を中心に山口（小郡福田）や萩沖原の鋳砲所等でも大砲の増産に懸命にとりかかった。

また、藩主より新軍編成の内意を得た高杉晋作は下関の白石正一郎宅においてたまたま寄宿していた同志等一五人の賛同を得て奇兵隊を結成した。

薩英戦争では英国艦隊の七艦のうち五艦が最新鋭のアームストロング砲を搭載し、薩摩の各砲台や市街の

撃破に大いに威力を発揮した。薩摩藩はこの戦争を契機として攘夷から開国へと大きく舵を切った。

三　元治元年（一八六四）の欧米連合艦隊の来襲

（一）欧米連合艦隊来襲前夜

翌元治元年（一八六四）には、英・仏・蘭・米四か国連合艦隊が下関に来襲し、三日間にわたって戦闘し、その後講和した。

四か国連合艦隊は六月二八日・二九日の両日に横浜を出港し、八月二日に国東半島の姫島沖に到着した。キューパー（A. L. Kuper）提督（海軍中将）はユーリアラスに搭乗した。ユーリアラスはアームストロング砲を二門搭載していた。

八月四日には、英九隻、蘭四隻、仏三隻と米商船一隻との計一七隻が揃った。キューパー提督が総指揮を執り、ターター艦長ヘイズ（Leo M. Hayes）が同艦とデュプレー（仏）・ジャンビー（蘭）、メトレンクルイス（蘭）、バロサ（英）およびレオパード（英）の計六隻の指揮を執り、他の一一隻の指揮をパーシュース艦長のキングストン（A. J. Kingston）が執った[3]。

この時、米国海軍は、自国軍艦が機関の故障で使用できなかったので、商船ターキャンを雇い入れ、自国軍艦のパロット砲（三〇ポンド砲）などと乗組員を搭載して、連合艦隊に参加した。連合艦隊の総戦力は大砲二八八門・兵員五千余人（水兵三千人、陸兵二千人）であった[4]。

米艦ターキャンは、下関砲台から最も遠い場所に各国の旗艦とともに配置された。最後尾（旗艦群）には

元治元年（一八六四）四か国連合艦隊と長州側の戦闘体系

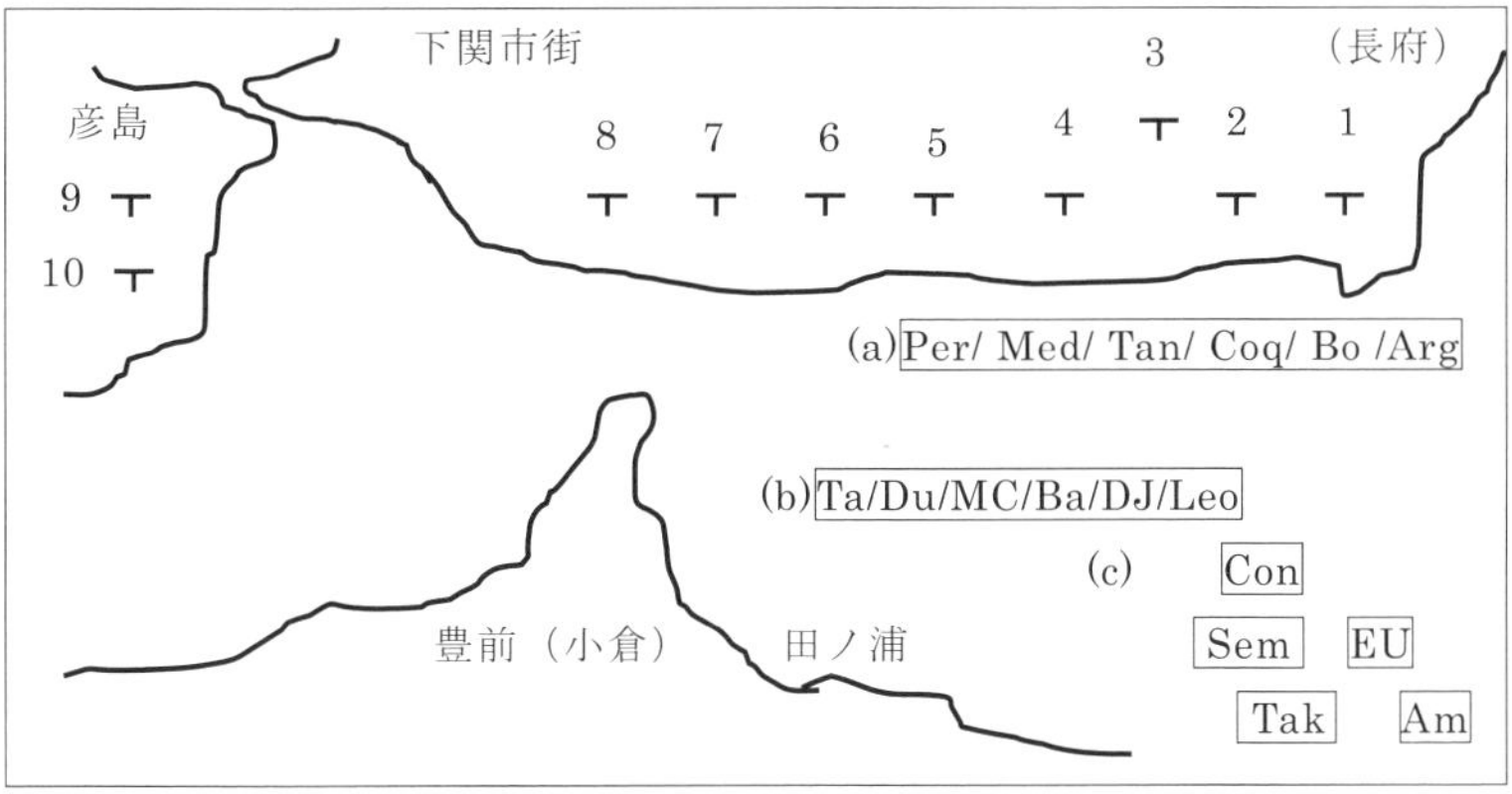

砲台；1=長府、2=黒門口、3＝茶臼山、4＝角石・前田上、5＝前田下、
6＝洲崎、7=籠建場、8=壇ノ浦、9＝弟子待、10=山床。

連合艦隊；

① **軽艦隊**［Per＝Perseus, Med=Medusa, Tan=Tancrède, Coq=Coquette, Bo= Bouncer, Arg=Argus］、

② **快走艦隊**［Ta=Tartar , Du ＝ Dupleix , M-C ＝ MetalenCruis , Ba=Barrosa, DJ＝D'Jambi, Leo=Leopard］、

③ **旗艦隊**［Con=Conqueror , Sem=Semiramis , EU=Euryalus , Tak ＝ Takiang, Ams=Amsterdam］）

アムステルダムのように旧式艦もあるが、ユーリアラスやターキャンには前述のように最新鋭で射程距離の長い大砲が多く配備されていた。そこには、明らかに産業革命の影響がみられるのである。

(二) 元治元年の各砲台

これに対し、下関側は正規の長州軍主力が七月一九日の蛤御門の変で壊滅的に敗退したため、残りの萩藩兵と長府藩兵、奇兵隊・諸隊あわせて二千人程度でこれにあたらざるをえなかった。

とくに主力の前田砲台と壇ノ浦砲台は、奇兵隊、諸隊あわせて六〇〇人が守備した。彦島の弟子待砲台には、前年と同様、荻野流の和式大砲が七門配備された。彦島には荻野流砲術の門下生を中心とする荻野隊一五〇人と長府

両軍の戦力比較					
長州側＊（＊『防長回天史』より）			連合艦隊側		
砲台	大砲	人数	連合国（艦数）	大砲	人数
前田上下	20	奇兵隊 300名	イギリス (9)	182	2,852名
壇ノ浦	14	庸懲隊 300名	オランダ (4)	56	951名
弟子待	7	彦島：荻野隊 300名	フランス (3)	49	1,155名
洲崎	9	長府藩士 160名	アメリカ (1)	4	58名
その他	70	940名			
総　計	約120	約2,000名	総　計 (17)	291	5,016名

藩士一六〇人などが守備していた[5]。

全砲台で何門の大砲が配置されたかは、諸説によりさまざまであるが、戦闘中に破壊・破棄されたものも含めれば、一二〇門近く配備されていたことは確かである。

(三) 両軍の戦力バランス

連合艦隊は、前田・壇ノ浦砲台を集中的に攻撃し、戦闘は八日まで続き正午過ぎ休戦した。ここでは、両軍の戦力の内訳を表で示しておこう[6]。この戦争における両陣営の戦力バランスからも明らかなように、長州側（萩本藩・支藩長府藩、奇兵隊等諸隊）の戦力は、オランダ軍およびフランス軍よりも劣る。イギリス軍だけでも長州軍の一・五倍の戦力である。連合軍全体では約二・五倍近い差がある。避けることのできない戦とはいえ、恐るべき戦力格差である。

しかも、長州側はペキサンス砲はじめすべて滑腔砲であり、洋式大砲だけでなく和流大砲等も含まれていた。

これに対し、とくに英国艦隊は最新鋭のアームストロング砲二門に加えて九艦で合計一八〇門搭載しており、また米国も最新のパロット砲を一門搭載していた。連合艦隊側の大砲の多くは施条（ライフル）砲で尖頭弾を発射し、大砲の性能差も前年の砲撃戦と比べて無視できない。

英国艦隊は前年の薩英戦争ですでにアームストロング砲の威力を実証済みである。英国内のアームストロング排斥運動もあって、アームストロング砲は二門しか搭載されなかったが、その威力は十分に発揮された[7]。また、米国のチャーター船ターキャン号に搭載された、当時最新鋭の大砲パロット砲もまた大きな威力を発揮した。ここでは、おもに二日間の戦闘の経過を簡単に見ておこう。

（四）八月五日の戦闘

午後三時四〇分旗艦ユーリアラスから開戦の火箭が打ち上げられ、全艦隊が一斉に発砲した。ユーリアラスは艦首の一一〇ポンドアームストロング砲から前田砲台へ約二、四〇〇メートルの距離を定めて発射した。四時一〇分小倉側九六〇メートル先にいたコルベット艦隊（快走艦隊）が一斉に砲撃を開始した。約二〇分間の激戦の間、砲台寄りの軽艦隊はつねに縦横進退しつつ砲撃を繰り返し、旗艦隊の援護も行った。

長府城山方面の砲台が撃破され、前田砲台も甚大な被害を受けた。午後五時過ぎ砲台守備兵が退避し、各砲台からの発砲は静止した。

午後一〇時すぎパーシュースの艦長・士官・水兵等二〇名は前田浜から上陸。守備兵が林間から狙撃してきたが前田砲台へ侵攻し、砲台の約三〇門近い大砲の火門に釘を打ち使えないようにし、一四門を廃棄、砲架等に火をつけて帰艦した。

この日、砲台から発射した榴弾一個がターターにあたり破裂した。レオパードには、実弾一個がマストの帆綱を断ち、実弾二個が右舷を撃ち車輪を損じその鉄軸を曲げた。また榴弾一個が船首の方で破裂し甲板を破損し、他の一弾は艦腹に穴を開けた。また長州兵の狙撃によってターター・バウンサーの水兵五、六名負傷。メトレンクルイスとジャンビーも数発被弾し、死傷者が三人出た[8]。

（五）八月六日の戦闘

①早朝の反撃

六日早朝、壇ノ浦の奇兵隊は前夜に破壊された砲台・砲架を修理し、態勢を立て直して待機した。砲台の守備兵は、薄明のなか、敵艦数隻が射程内にあることを発見した。彼らは、杉谷砲台・壇ノ浦砲台から近距離にある艦（レオパード、ターター、デュプレー）へ一斉射撃し、甲板・艦腹を破損させた。戦いは一時間近く続き、最も激烈であった。ターターは前日の破損以上に被害が拡大し、兵士二名が死亡、副艦長も重傷を負った。デュプレーも操舵長等八名が戦死した。(9)

②陸戦開始

キューパー提督は、急遽、陸戦隊の上陸を決断し、角石前田方面へ集結した。以後、海戦から陸戦へ移行した。午前七時過ぎ各艦隊の陸戦兵等は、朝食後、陸戦砲（野戦砲・山野砲）や弾薬を積み終え、八時過ぎ、総員英兵一四〇〇人・仏兵三五〇人・蘭兵二五〇人・米水兵一隊、計二〇〇〇名以上で進攻を開始した。(10)

各艦が遠方の山野を掃射し、また沿岸近辺を掃討している間に陸戦隊は上陸した。洲崎砲台では長州側の地雷が奏功し、長府藩兵・奇兵隊・膺懲隊は一進一退し善戦したが、遂に退去した。フランス兵はこの砲台の一五〇ポンド臼砲ほか九門の大砲を損壊した。(11)さらに、連合軍側は壇ノ浦砲台を砲撃し、守備していた奇兵隊は間道から角石へ退避した。

③前田砲台の攻防

三時前にユーリアラス号のアレキサンダー大佐（Captain Alexander）は前田砲台を破壊するため一部を角石陣屋途上の両丘稜の守衛に回し、他の海兵は三砲台を破壊し、午後三時に至った。他方、角石陣屋方面の援護隊は奇兵隊・膺懲隊二隊と接戦し、奇兵・膺懲両隊の善戦敢闘により半日に六度も一進一退を繰り返したが、ついに撃退した。

三時過ぎ砲台の破壊を終わったアレキサンダー大佐は、諸兵を端艇に移すために、長州兵の急迫に応戦した。軍監山縣小輔（後の有朋）・時山直八等の壇ノ浦兵が角石に到着し、英兵と激戦。低地の英兵は大打撃を被り、アレキサンダー大佐は被弾し足を負傷、士官も二名負傷した。[12]しかし、英兵はなお屈せず、山縣等は敵中に突撃し激戦を繰り返しつつ撤退して清水越を拠点とした。ここにも敵兵が迫ってきたが、黄昏とともに兵を収めて帰艦した。

この日の連合軍は死者八名、負傷者四〇名、[13]長州側は死者一二名、負傷者は山縣・林半七ら三〇名であった。[14]

（六）八月七日以降

八月七日、まだ講和の申し出がないので、連合艦隊は彦島を砲撃することに決した。しかし、潮の流れが午前中は西から東へ向かう流れ（逆流）であり、東から西へ向かう流れ（順流）になる午後まで時間があるので、それまでに各艦から分隊を派遣し、援護隊を配置しつつ、各砲台に置き去られた各種大砲・野砲六〇余門を接収して艦内に運び込んだ。

この間、仏艦セミラミスは門司岬に進み下関市街に向けて榴弾数発を発射した。示威砲撃によって反攻の意気を削ぐためであった。午後六時潮流が順流に変わったのでターター（英）・デュプレー（仏）・メトレンクルイス（蘭）・ジャンビー（蘭）の四艦が単従陣を組んで逐次海峡に進入し、彦島の弟子待・山床二砲台を占領し、七門の大砲の火門に釘を打って引き揚げた。

八日午前九時には連合軍は各砲台に兵を派遣して残りの火砲を接収した。この日専念寺永福寺の丘陵樹陰に潜伏していた長州兵は、陸地近くに停泊していた仏艦タンクレードを見て狙撃した。フランス兵はこれに応じて散弾数発を発射し、まさに戦闘を再開しようとしていた。午後には講和使節が休戦を告げてきたので、各艦戦闘隊形を解き双方は休戦した。長州側は何ら全面降伏することなく停戦し終わった。

九日各艦は大砲その他の戦利品を分載し、それぞれ帰途についた。この戦争により、長州側（萩藩・長府藩等）がこのために配備した大砲の多くが、連合艦隊により戦利品として没収され、欧米に持ち去られた。

ＩＬＮ（Illustrated London News・「絵入りロンドン新聞」）によれば、全艦隊の被害総数は死傷者一〇〇人弱、うち英艦隊は死者一五人、負傷者四九人であった。青銅製の大砲六〇門と臼砲三門が甲板に運ばれた。(15)他方、長州藩では八月七日に世子毛利定広を中心に会議を開き高杉晋作を家老名義（宍戸刑馬）で正使として講和談判に行かせることに決した。

八日には高杉等は下関に到着し、伊藤俊輔が英艦に乗船し講和の意を伝え、午後から講和談判が開始された。そして、八月一四日に長州藩は四か国連合軍と講和条約を締結した。この講和談判により下関さらには兵庫の開港はなんとか回避された。(16)

連合軍側、特に英国公使のオールコック（R. Alcock）は、この戦闘に続いて山口、萩を制圧し、さらに大坂にまで進攻することを期待したとされる。しかし、奇兵隊・諸隊・長府藩士の猛烈な防衛により、短時日での進軍を阻まれ、これ以上の戦闘を望まなかったキューパー提督の意向もあって一層の侵略を断念した。

巷間、下関戦争では旧式の武器により連合軍の攻勢にあっけなく敗北したという説も見られるが、最近の研究では、この戦闘において敢闘し連合軍の侵攻を下関でくいとめ、山口・萩からさらに大坂侵攻を断念させたことなどが評価されるようになった。(17)

四　海を渡った大砲

ところで、そのとき下関の各砲台に配置された大砲の多くは、連合艦隊に戦利品として接収され、四か国に分配された。その一部がオランダ、フランス、イギリス、アメリカに現在でも残されていることが、下関（長府）在住の直木賞作家古川薫氏の著書『幕末長州藩の攘夷戦争―欧米連合艦隊の来襲―』（一九九六年）によって明らかにされた。

古川薫氏に従えば、この戦闘の結果百門を超える大砲が連合艦隊によって持ち去られた。フランスの首都パリのアンヴァリッド（廃兵院・軍事博物館）には三門の長州砲があった。このうち二門は毛利家の家紋と「十八封度砲　嘉永七歳次甲寅季春　於江都葛飾別墅鋳之」と刻まれた西洋式カノン砲である。これはペリー来航直後に相州警備を幕府から命じられた長州藩が江戸の葛飾砂村の藩別邸（現在の江東区役所付近）で鋳造した六〇門のうちの一つである。もう一門は天保一五年製の旧式和流砲で「郡司喜平治信安作」の銘が入っている。この大砲は昭和四一年（一九六六）に古川氏が当地で発見され、その後昭和五九年（一九八四）六月に長府藩主の鎧兜と相互貸与の形で下関市に還り、長府博物館（当時）に展示されてきた⑱。

ロンドンの近郊ウリッジ（Woolwich）のロタンダ（円錐テント Rotunda）大砲博物館には、天保一五年製の荻野流一貫目玉青銅砲が二門ある。

アメリカの首都ワシントンDCのネイヴィー・ヤード（海軍基地・海軍工廠）には、他のカノン砲よりも少し砲身が短く外形も異なる大砲（ボンベカノン砲）が一門展示されている。

そして、オランダであるが、「連合艦隊に参加したオランダ艦は四隻だから、相当数の長州砲が持ち帰られているはずだ」とされた[19]。

その後、オランダにおいても長州砲が発見され、軍事博物館に収められていることが新聞に公表された。そして古川氏が長州藩の軍艦癸亥丸で使用していたオランダ製の航海用計測器「六分儀」をオランダへ寄贈されるという新聞記事も目にした[20]。

筆者の先祖は、萩で砲術（隆安流大筒打）五家（大組士・遠近組士）と鋳造所（御細工人・鋳物師・準士）二家とに分かれて毛利家に仕えてきた。鋳造所は萩の東郊松本（東萩駅方面）と南郊（萩駅方面）の椿青海の二か所に分かれて、江戸初期から大砲や梵鐘・仏具や各種銅製品を造っていた。旧式大砲にその名を刻まれた、郡司喜平治は幕末に萩の松本の鋳造所の主宰者であった。筆者の直接の先祖は、讃岐の長男権之丞の系統としてもう一方の青海の鋳造所を代々継承してきた。

筆者は、いつか海外にある長州藩の大砲つまり「長州砲」を実際にみてみたいと思ってきた。しかも、オランダにはまだ多くの大砲があるはずという古川氏の言葉が強く心に残っていた。

このような想いもあって、二〇〇一年に萩市を久しぶりに訪れた。当時大学病院に長期入院していたが幸運にも快復した頃で、「萩へ行こう」という娘の言葉に促されて、松本の「郡司鋳造所跡」という石碑のある場所と、できれば青海の鋳造所のあった場所を探そうと思ったからである。しかし、松陰神社の近くに位置する松本の地区は大掛かりな道路工事中であり、石碑もついにみつからなかった。

二一世紀となり、もはやそのような過去の遺跡や遺構も消滅する運命にあるのかもしれない。この機会に何とか海外の大砲などを探し出して少しでも記録に残しておかないと歴史の彼方に埋没・消滅せざるを得ないとする想いが一層強まった。

各国の大砲を探訪する過程において、下関の砲撃戦で使用された大砲がどのようなものであったか、その種類や性能さらには当時の世界水準との差などに次第に興味がわいてきた。欧米連合艦隊によって接収され、英仏蘭米四か国に分配された大砲に関する資料とくに英国ターター号へイズ艦長による各国への大砲分配リスト（ヘイズ・リスト）やアーネスト・サトウ（Ernest M. Satow）の日記などに接することにより[21]、その使用された大砲の具体的な内容が次第に明らかとなってきた。

それとともに、当時のわが国や欧米の大砲の種類とその内容・性能、それ以前の大砲の鋳造と砲術の歴史からさらには、幕末における関連する出来事、とくに西洋兵学の導入と日本の近代化にまで関心は広まっていった。しかもその過程で、多くの方々と全く不思議な出会いがご縁となり、結果的に大砲の調査研究にますますのめり込んで行くこととなった。

【第一章注記】

（1）拙稿「江戸後期における洋学受容と近代化―佐賀藩・薩摩藩の反射炉と鉄製大砲技術―」『大阪学院大学通信』第四二巻一一号、二〇一二年。拙稿「幕末期鉄製大砲鋳造活動の展開―佐賀藩反射炉活動を中心として―」『大阪学院大学通信』第四六巻五号、二〇一五年。

（2）清永唯夫『攘夷戦長州砲始末―大砲パリから帰る』東秀出版、一九八四年、四七―四八頁。古川薫『幕末長州藩の攘夷戦争―欧米連合艦隊の来襲―』中公新書、一九九六年、二八頁、一二一―一二二頁。拙著『幕末の長州藩―西洋兵学と近代化―』鳥影社、二〇一九年、第五章。

（3）「赤間関海戦紀事」下関市文書館編『資料　幕末馬関戦争』三一書房、一九七一年、一三五頁。The Illustrated London News（ILN）: Compiled and Introduced by T. Bennet, Japan and The Illustrated London

News, Complete Record of Reported Events 1853–1899, Global Oriental, 2006, Nov. 19, 1864, p. 124. 金井圓編訳『描かれた幕末明治―イラストレーテッド・ロンドン・ニュース日本通信一八五三―一九〇二』雄松堂書店、一九七三年、一〇二頁。拙稿「元治元年の下関戦争と四国連合艦隊に接収された大砲」『伝統技術研究』第九号、二〇一六年、一八―二六頁。

（4）坂田精一訳『アーネスト・サトウ 一外交官の見た明治維新（上）』岩波文庫、一九六〇年、一二五頁。Ernest M. Satow, A Diplomat in Japan, 1921, London, p. 103. 松村昌家「アームストロング砲と幕末日本―下関海峡における長州砲とアームストロング砲のエンカウンター―」郡司健編著『国際シンポジウム論文集 海を渡った長州砲～長州ファイブも学んだロンドンからの便り～』ダイテック社、二〇〇七年、二六頁、二八頁。拙著前掲、一七五頁。清永前掲書、六九頁。古川前掲書、九六頁、二三二―二三五頁

（5）末松謙澄『修訂 防長回天史』柏書房、一九六七年、六六八頁。古川前掲書、九一頁。

（6）ここでは一応『防長回天史』に依拠している。末松前掲書、六六七―六六八頁。

（7）松村昌家『幕末維新使節団のイギリス往還記―ヴィクトリアン・インパクト』柏書房、二〇〇八年、一二三頁、二一八―二一九頁。

（8）下関文書館編前掲書、一三七―一三八頁。古川前掲書、九一―九八頁、二三五―二三七頁。松村前掲論文、二五―二八頁。末松前掲書、六六七―六七一頁。

（9）末松前掲書、六七一頁。赤間関海戦紀事、下関文書館編前掲書、一三八―一三九頁。「発射された球型弾の一弾が甲板に落ちて炸裂、他の一弾は艦腹をうがった」とされる。吉村昭『生麦事件（下）』新潮文庫、二〇〇二年、一九二頁。

（10）末松前掲書、六七二頁。赤間関海戦紀事では英兵二、〇〇〇人・仏兵三五〇人・蘭兵二〇〇人・米海兵隊五〇

人計二、六〇〇人と記載されている。下関文書館編前掲書一三八頁。
(11) 末松前掲書、六七一―六七二頁。地雷火の効果については「元治甲子前田壇浦始め各台場手配の事」に詳しい。下関文書館編前掲書、一六三―一六四頁。
(12) ILN, op. cit., p. 148. 金井前掲書、一二二頁、一二五頁。
(13) アーネスト・サトウは三〇名としている。坂田訳前掲書、一三八頁。Satow, op. cit., p. 114.
(14) 末松前掲書、六七二―六七三頁。
(15) 末松前掲書、六七三―六七四頁。ILN, op. cit., p. 148. 金井前掲書、一二一―一二三頁。
(16) 末松前掲書、六七四―六八六頁。この経緯は、次著に詳しい。古川前掲書、一一七―一三五頁。
(17) 拙著前掲、一八六頁。
(18) 古川前掲書、一七九―一八一頁。現在は新設の下関市立歴史博物館に展示されている。
(19) 古川前掲書、一八一―一八四頁。斎藤利生「米国にあった幕末長州の台場砲」『兵器と技術』(日本兵器工業会) 一九八七年五月号。
(20) 日経新聞記事「長州砲里帰り」一九八四年。同「ワシントンの青銅砲」(プロムナード、古川薫)、一九九一年一〇月二九日。同「幕末の六分儀をオランダに寄贈―直木賞作家、古川さん」二〇〇〇年
(21) ヘイズ・リストに関しては第二章、第八章参照。坂田訳前掲書、一二四―一四〇頁。Satow, op. cit., pp. 102-115.

第二章　オランダの下関砲

一　オランダの大砲探索

（一）ネット検索とオランダ海軍博物館

オランダにはまだ未発見の長州砲があるかもしれないという古川薫氏の文章に触発され、オランダ在住のジャーナリスト、マルセル・レメンズ（Marcel Lemmens）氏と相談しネット検索によって色々問い合わせてみた。しかし、結果的に新しい大砲は見つけることは出来なかった。

そこで、古川氏の著作の中に出てくるオランダの二門の大砲に的を絞ることとした。一門はアムステルダム国立博物館にあることは古川氏の著作からわかっていた。しかし、他の一門の所在は不明であった[1]。

古川氏の新聞記事によれば、オランダ国内のどこかの海事関係の博物館に置かれていそうである。そこで、オランダの博物館のリストを検索し、二〇〇四年三月、オランダ海軍博物館（Dutch Naval Museum）のメール欄に下関戦争で没収された大砲を探していること、それがわかれば八月にはそこを訪問したい旨のメールを送った。

（二）デン・ヘルダー海軍博物館からのメール

その結果、デン・ヘルダー（Den Helder）のオランダ海軍博物館（Marine Museum）学芸員のレオン・ホンブルク（Leon Homburg）氏からメールが来た。そこには次のようなことが述べられるとともに、同博

オランダ海軍博物館所蔵の大砲の砲身
（ホンブルク氏提供の写真）

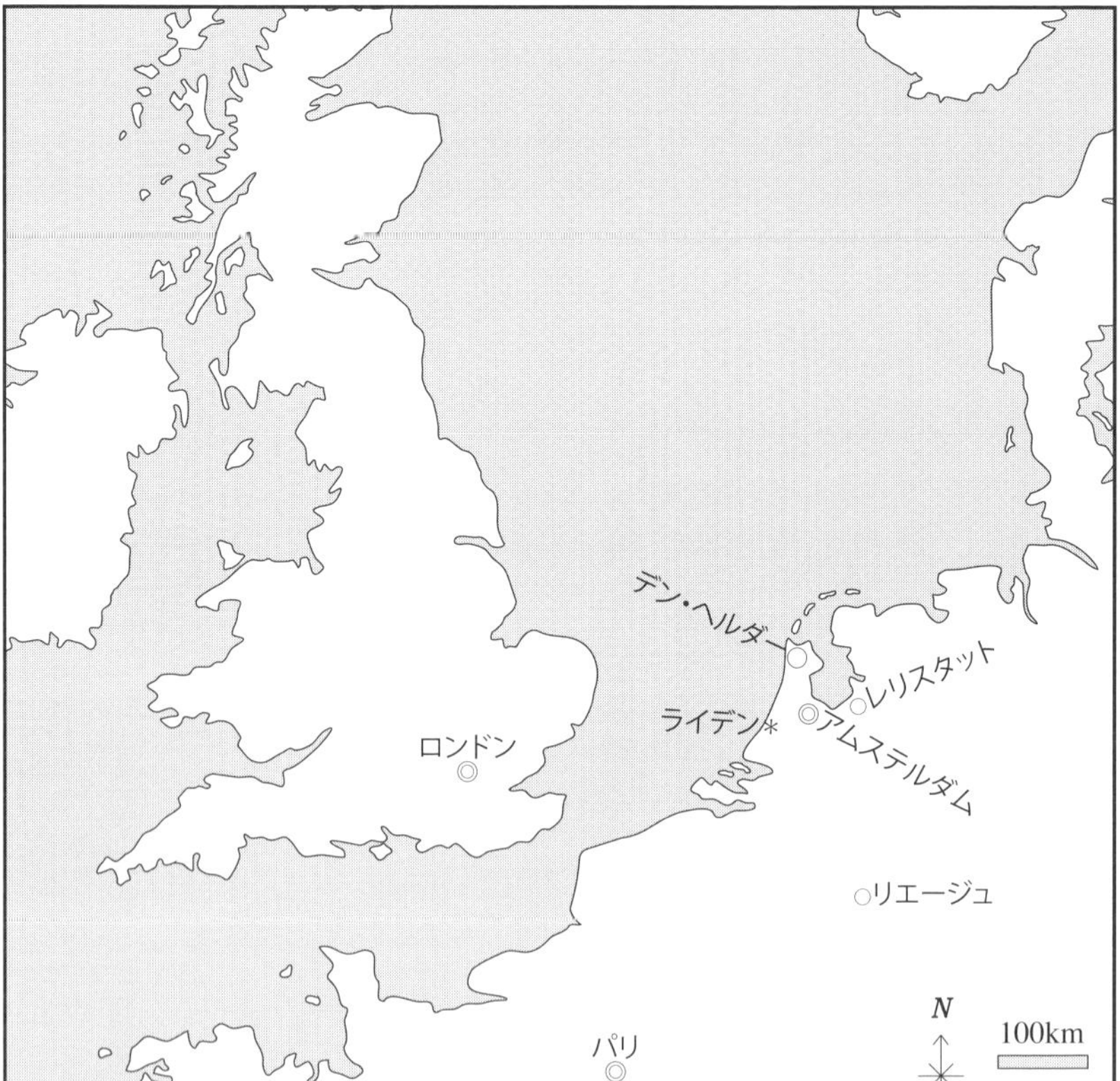

物館所蔵の大砲の砲身の写真が添付されていた。

デン・ヘルダーのオランダ海軍博物館には下関砲（Shimonoseki-gun）と呼ばれるものを展示しているが、その大砲の砲身が日本製であるかどうかは疑問とされている。ドイツのクルップ（Krupp）社によって作られた大砲ともみられているが、その説を証明するような証跡はなんら見つかっていない。添付した大砲の写真は、修復直後に撮ったものである。その大砲の砲架は日本製であった。また、アムステルダムの国立博物館にも下関戦争の時に没収された砲身の一部が保管されている。

ホンブルク氏からの返信は意外なものであった。何故、クルップ社製の大砲が下関砲として陳列されているのか。また、写真の大砲の砲耳には、「26」という算用数字（アラビア数字）が刻まれており、それは何を意味するのかまったく謎であった。

ドイツのクルップ社は、かつてドイツ最大の兵器製造会社であった。筆者は長年ドイツ有力企業の年次報告書（営業報告書）について研究してきた。クルップ社は、研究対象企業の一つである。クルップ社は鉄道事業から出発し、銅製品よりも蒸気機関車やレールなどと同一の鋼鉄製品の製造が中心であった。したがって、銅製大砲ではなく鋼鉄製の大砲をおもに鋳造していたはずである。

(三) アムステルダム国立博物館検索

さっそくもう一方のアムステルダム国立博物館（Rijksmuseum）にメールを送ってみた。まもなく、学芸員のエヴェリン・ニコラス（Eveline Sint Nicolaas）さんから次のような返信があった。

一八六四年に下関から接収した国立博物館収集品の中に青銅砲の砲身切断片がある。この収集品は一八八九年に国立博物館へ移管された。この砲身断片には、長門の毛利家家紋の銀象嵌がはめ込まれている。

それは一文字に三つ星の紋で、毛利家の第二家紋として用いられ、しかも府中毛利家か清末毛利家によって使用されていたもので、その長さ二四・二センチメートル、外径二一・五センチメートルおよび内径（口径）一〇センチメートルである。

この大砲に関しては、『文藝春秋別冊』二三三号および二三四号（二〇〇〇年）に古川薫氏によって叙述されており、その論文のタイトルは、「青銅砲オランダ流離譚」と「カノン探しの終点　アムステルダム青銅砲オランダ流離譚」とのこと(2)。

国立博物館のメイン・ホールは二〇〇八年まで閉鎖されており、フィリップス・ウィング（Philipswing）に、一七世紀以降の代表作品が展示されている。砲身断片は、国立博物館の貯蔵室に格納されているとのことであった。

この貴重な情報をもとに、二〇〇四年八月に、まずオランダのデン・ヘルダーとアムステルダムを、それからパリのアンヴァリッドを訪ねることになった。

二　デン・ヘルダー海軍博物館と下関砲

（一）軍港都市デン・ヘルダーと東インド会社旗

二〇〇四年八月七日（土曜日）にパリのドゴール空港経由でオランダのスキポール（Schiphol）空港に到着した。翌八日（日曜日）朝マルセル一家と久しぶりに再会し、午後アムステルダム駅から電車に乗り、一時間三〇分くらいでデン・ヘルダーに到着した。デン・ヘルダーは、オランダの半島突端の、北海に面したところにある軍港都市である。

途中の広場の大砲模型

東インド会社の旗

駅から目的地の海軍博物館まで徒歩で二〇分近くかかる。駅の近くの店は、こざっぱりとしていたが、日曜日と夏季休暇との関係でほとんどが閉まっていた。海軍博物館へ向かう途中には軍港らしく大砲の模型が置かれていた。目的地の手前にも博物館があり、その頭越しに、東インド会社（VOC — Vereenigde Oost Indische Compagnie）の旗をたなびかせた帆船がその雄姿をとどめていた。「東インド会社」は、イギリスが一六〇〇年に、オランダは一六〇二年に、フランスは一六〇四年にそれぞれ設立している。一八六二年（文久二年）には幕府派遣のオランダ留学生のなかで、伊東玄伯と林研海がこの地の海軍病院で医学を学んでいる。[3]

（二）デン・ヘルダー海軍博物館の野戦砲

海軍博物館に着き、展示館へ向かった。展示館の横には潜水艦が陸上に設置され、艦内を見学できるようになっていた。受付を済ませ、二階の歴史展示場へ向かった。ここには、「一八六三年　下関」のコーナーが設けられ、「下関砲」として砲架に乗せられた大砲が三フィート（九一・四四センチメートル）のガラスのフェンスに囲まれて展示されていた。

砲架に乗っている大砲は、クルップ社製と推測される、と説明板にも書かれていた。クルップ社は、一八一一年にドイツのエッセン（Essen）に製鋼所を建て、各種機械部品の製造を行った。同社はドイツにおける鉄道の導入とともに鉄道関係の機械製造へ進出し、続いて兵器製造を始め（一八四七年）、たちまち大口径の鋳造鋼砲（Gussstahlkanone）を造り出した。一八五一年の第一回ロンドン万国博覧会に六ポンド鋼砲を出展し、その優秀性を世界に示した。[4]

デン・ヘルダー海軍博物館入口と横の潜水艦

「1863 下関」コーナー

クルップ砲は、イギリスのアームストロング砲とともにかつて世界の大砲の双璧をなしていた。わが国では、明治以降、クルップ砲は陸軍に、アームストロング砲は海軍においておもに採用された。クルップ社は、現在、ティッセン社（Thyssen AG）と合併してティッセン・クルップ社（ThyssenKrupp AG）となっている。

その野戦砲架の車輪の鉄枠（轍）には「よしかね（Yoshikane）」という名前が刻まれていたことが、「下関砲」のガラスフェンスに掲げられたオランダ語の説明板にもみることができた。またこの大砲の砲耳には確かに「26」という算用数字が刻まれていた。砲耳は、砲身を砲架に乗せ固定させるための円筒形部分である。

しかし、この野戦砲を観察する限り、クルップ社製であるという確証はないと思った。古川氏によれば、デン・ヘルダーの大砲は、砲身一六二センチメートル、口径一〇・二センチメートル、先込式で、着弾距離（射程距離）は約三〇〇メートルとされた[5]。

一二ポンド野戦砲・砲耳の「26」、ガラスのヘンス

とくに砲耳の「26」という算用数字の意味が大きな疑問として残った。この数字が漢数字でないこと、ま

た日本ではこのような洋式大砲は当時作り得ないだろうという先入観から、西洋の大砲で、当時特に有名であったクルップの大砲と推定したのかもしれない。

展示場の壁には、下関戦争の絵図と写真が数枚かかげられていた。下関海峡の海戦絵図、船上に積載された野戦砲と四人の兵士が写っている写真、四門のカノン砲とその前に二人の人物が写っている写真でフェリス・ベアト（Felice Beato）が写した前田砲台の写真などである。(6)

また、同博物館の冊子『オランダと日本、歴史に刻まれた友好関係一六〇〇―一八六八年（Nederland en Japan–Bijzondere Betrekkingen 1600-1868）』Lemmers＝Boven）を入手したが、その表紙は、佐賀藩主鍋島閑叟がオランダ艦に乗艦した時の絵であり、鍋島公がこの船に搭載され当時世界最強の大砲といわれたペキサンス砲を初めて見た時のものである。

三　アムステルダム国立博物館と下関砲（長府砲）

八月九日（月曜日）は、路面電車に乗り国立博物館前の事務所にニコラスさんを訪ねた。応接間に通され、下関砲についていろいろ話し合った。

（一）一に三つ星紋と六分儀

そこではまず、以前のメールにおける大砲の説明

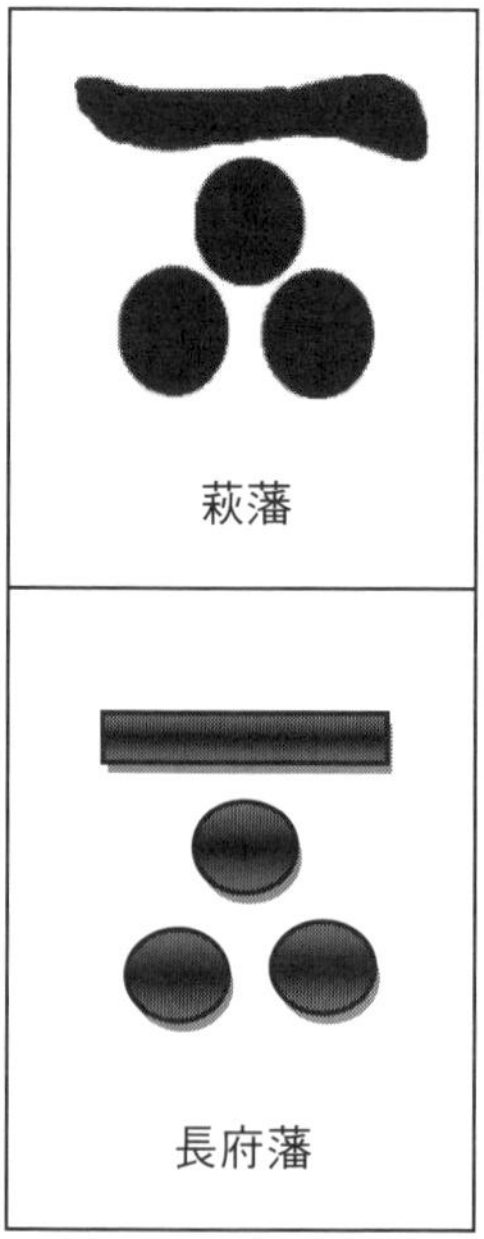

についてとくに問題はないかということから話が始まった。「一に三つ星」の紋についてはいろいろな言い伝えがあるが、とくに大きな問題はない。古川薫氏が指摘されるように、三つ星とはオリオン座の中央三つの恒星を指す。[7] また、毛利家では「一に三つ星」の紋が表家紋で「沢瀉《おもだか》紋」は儀礼用の家紋として位置づけられており、沢瀉紋を第一家紋、「一に三つ星」紋を第二家紋とすることは幕府側のいわば儀礼的な立場からの説明であろう。

府中藩とは長府藩のことであり、下関方面では清末藩とともに長州萩藩の支藩として、それぞれデザインは異なるが一に三つ星の紋を用いている。とくに長府藩は一つの長方形の下に三つの丸からなる幾何学的な紋を用いている。[8]

アムステルダム国立博物館

国立博物館前事務所

古川薫氏が贈呈された「六分儀」についてはニコラスさんから国立博物館側が古川氏に非常に感謝していることが伝えられた。この六分儀は時間的な都合により残念ながら見ることはできなかった。

(二) 幕末遣欧使節団

さらに、ニコラスさんから、国立博物館所蔵の、一八六二年六月二一日付の竹内下野守、松平石見守、京極能登守の毛筆による記帳とその記帳簿（アルバム）の表紙、および下関戦争の海戦図の写しをいただいた。この署名は、幕府が開市・開港の五年間の延長を求めてヨーロッパに派遣した、いわゆる幕末遣欧使節団がオランダに立ち寄ったときのものである。

この使節団は、竹内下野守（勘定奉行兼外国奉行）を正使とし、松平石見守（神奈川奉行）、京極能登守（目付）を副使とするものである。一八六二年一月二二日（文久元年一二月二二日）、使節団はイギリス軍艦で品川を出航し、長崎を経てエジプト、マルセイユ、パリ、ロンドン、オランダ、ベルリン、ペテルスブルク、ポルトガル等を訪れ、文久二年一二月に帰国した。かれらは、五月にロンドン万国博覧会にも参列するとともに、アームストロング砲について見聞し、この最新兵器に大きな衝撃を受けている[9]。

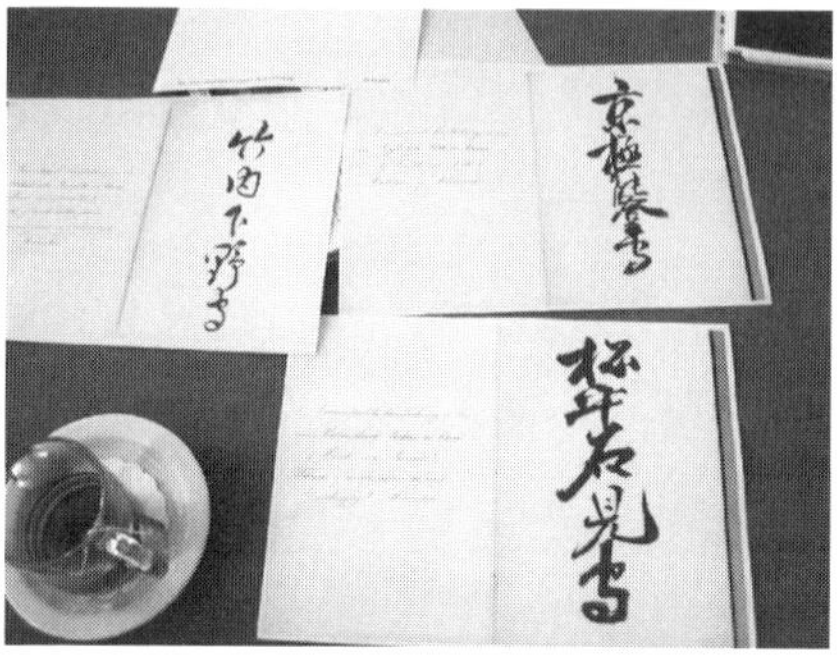

「幕末遣欧使節団の署名」

「下関海戦図」
（アムステルダム国立博物館所蔵）

この使節団は、日本人総勢三五名で、その中には外国方翻訳局員の福澤諭吉（中津藩士）のように御雇い通詞として随行する者もいれば、加賀藩、佐賀藩、長州藩、阿波藩、杵築藩などの藩士が船中賄い方並びに召使いという形で随行する者もいた。攘夷という全体的な空気の中でも、向学の士にとって海外への関心がいかに高かったかがうかがえる[10]。

福澤諭吉は、大分中津藩出身であり、長崎で蘭学・西洋兵学等を修めた後、緒方洪庵の適塾で塾頭まで務めた。安政五年（一八五八）には江戸に出て蘭学塾を開く。翌年、開港した横浜へ出かけた折、自分の蘭学が全く役に立たないことに愕然とし、英学への転向を図った。[11]翌安政七・万延元年（一八六〇）には咸臨丸（艦長勝麟太郎・海舟）で渡米した。さらに、この遣欧使節の随行により、彼はイギリス産業革命の影響を肌で感じた。その後、明治になって『西洋事情』『雷銃操法』『洋兵明鑑』『学問のすすめ』『文明論之概略』等を著したが、明治六・七年（一八七三・七四）には、アメリカ簿記書を翻訳した『帳合之法』（とくに第二編）の公刊により、明治後の産業・経済発展に不可欠の複式簿記技術の導入に貢献したことは特筆すべきである。[12]

一行は、ロンドン郊外のウリッジ（Woolwich）を一八六二年六月一三日（文久二年五月一六日）に出帆し、翌一四日にロッテルダム港について盛大な歓迎を受けた。七月一日（陰暦六月五日）にはオランダ国王に拝謁し、その後もオランダ各地と各設備施設等を視察し、一八六二年七月一七日（陰暦六月二一日）にはユトレヒトの駅から汽車でベルリンへ向かった。

使節団の上記の署名の日付六月二二日（陰暦五月二四日）には、ハーグで午前中はオランダ議会を訪問し、第一院へは海軍大臣カッテンディーケ（Willem Johan Cornelis Huyssen van Kattendijke、英語表記Kattendycke）の案内で見学し、第二院へは大蔵大臣ベッツに案内されている。午後は各国公使館を訪問し、夕方には外務大臣と会談している。[13]

海軍大臣カッテンディーケは、いうまでもなく長崎海軍伝習所のオランダ派遣第二次教師団（一八五七年〜一八五九年）の団長を務めたその人である。この時期、勝海舟も伝習所に残留し、各藩の藩士も派遣されており、砲術師範の郡司千左衛門等もこのころ長州藩から海軍伝習所に派遣された。[14]

（三）長府砲

ひととおり話が済み、いよいよ長府藩の砲身断片を拝見することとなった。一〇時四〇分に、国立博物館前の建物から地下貯蔵庫の地下二階にエレベータで降り、一番手前の部屋の前に案内された。係の人がその扉を開けると、天井の高い大きな部屋の中に様々の貯蔵品が置かれていた。扉のすぐ手前に、大砲の砲身断片が台車の毛布の上に置かれていた。

すでに、この砲身の形状については古川氏の著作や、ホンブルク氏の持参された写真によって解っていた。台車に財産目録番号「NG—MC—1189」の札のついた紐が付けられて、無造作に置かれていた、このような断片ではあっても、残されていて本当によかった。この砲身に残された銀象嵌からは、これを造った長府

国立博物館地下倉庫入口

長府砲の砲身断片

アムステルダム町並み

の鋳物師の心が伝わってくるような感動を覚えた。

ニコラスさんとの対話後、同博物館の計らいで、館内の提示品を拝観した。レンブラントの有名な『夜警』の絵もそこに展示されていた。また、各国の珍しい大砲を展示しているコーナーもあった。

その後市内を見物し、マーストリヒト行き電車に乗るマルセル氏一家を見送った。アムステルダムの町並みはよく見るとそれぞれの建物がそれぞれ幾分傾きながらも互いに支え合っているように見える。これはアムステルダムの地盤が弱いことによるものとされる。このことから、国立博物館でも多くの重い所蔵品は地下に格納するようになった。その半面、今度は、ニコラスさんによれば、地下の貯蔵庫は、文字通り低地（独語＝Niederlande、英語＝Netherlands）としてのオランダでは、浸水等の危険もあり、深刻な問題を抱えているとのことであった。

四　デン・ヘルダー野戦砲の謎とヘイズ・リスト

デン・ヘルダーの大砲がクルップ社製かもしれないということは、大変興味を引いた。クルップ社はドイツの経営経済史だけでなく政治史・軍事史において古くから重要な企業であった。しかも、クルップ砲は、前述のように、第2次大戦まで、世界の大砲としてもイギリスのアームストロング砲と双璧をなしてきた。さらにクルップの本拠地エッセンはオランダに近い。にもかかわらず、この野戦砲がいまもなおクルップ砲として断定されないことの方が不思議であり、一つの謎であった。

日本製でないと思わせる原因の一つに、砲耳に刻まれた「26」という算用数字（アラビア数字）があげられるであろう。日本製であれば、むしろ漢数字が用いられるはずである。この数字がクルップ社での製造年（一八二六年製）なのか、あるいは製品番号（二六門目）なのか。これに関してホンブルグ氏に問い合わせたところ明確な返事は得られなかった。ホンブルグ氏自身この件に余り興味がなかったのかもしれない。

　ところが、これに関しては、その後、興味深い情報が得られた。まず、ロンドンの王立大砲博物館（Royal Artillery Museum）の研究官であったマシュー・バック（Matthew Buck）氏（現在、リバプール国立博物館学芸員）にこの件を問いかけたところ、まず製造年とは考えられず、何らかの製品番号の可能性が高いことを指摘された。そして、この大砲が和式大砲に似た特徴を備えていることを指摘され、むしろクルップ砲とすることに強い疑問を呈示された。確かに、この大砲には砲の先に、照準（先目当）が付いているし、アンヴァリッドの一八ポンドカノン砲と形式がよく似ている。ヨーロッパの大砲には、このような照準は少ない[15]。先のアンヴァリッドに於ける中国やトルコの大砲でもそうである。しかもこの大砲には、先目当（先照準）だけでなく元目当（後照準）に相当するものまで付いており、アンヴァリッドの大砲よりもさらに和式大砲に近い形状を残している。

　さらに、二〇〇六年二月に萩博物館で開催されたリレーシンポジウムにおいて、保谷徹教授の報告資料の中から一つの重要なヒントを得た。それは、イギリス海軍省の戦利品（大砲）の各国配分リスト（より具体的には、「下関海峡において、海軍中将キューパー卿の指令により、ターター号のレオ・M・ヘイズ艦長が提出した大砲の国別分配リスト（「四か国連合艦隊が日本の砲台から没収した大砲分配の成果」）であり、いわゆるヘイズ・リストといわれるものがこれである[16]。

　このリストには、①表番号、②識別番号（Distinguish No. of Gun）、③積載艦名、④大砲の区分、⑤砲長（フィート・インチ）、⑥口径（インチ）、⑦重量（トン）、⑧配分先国、が記載されている。④の大砲の区分に関しては、青銅

PRO ADM125/118 [Return of the distribution of Guns captured from the Japanese Batteries]

Her Majesty's Ship Tartar
Straits of Simono Seki
20 September 1864.

Return of the distribution of Guns captured from the Japanese Batteries by the Combined Squadron under the orders of Vice Admiral Sir A. I. Kuper, K. C. B. in the Straits of Simono Seki.

No.	Distinguishing No. of Gun	Ships	Description	Length Feet	Inches	Calibres Inch	Weights Tons	To what Nation Allotted
1	1	Euryalus	Bronze Gun	9	6	11	6	England
2	2	do.	Mortar	2	9	13	2	do.
3	17	Tartar	Bronze Gun	5	5	3 1/2	1	do.
4	18	do.	do.	5	4	3	1/2	do.
5	19	do.	Howitzer	3	11	5	1/4	do.
6	20	do.	Bronze Gun	5	2	6	1	do.
7	5	Semiramis	do.	11	2	5 1/2	2 3/4	do.
8	28	D'Jambi	do.	5	6	6	1/2	do.
9	29	do.	do.	6	6	3 1/2	3/4	do.
10	33	do.	do.	5	6	6	1/2	do.
11	55	Conqueror	do.	8	6	7	2	do.
12	56	do.	do.	11	6	6	3	do.
13	38	Barrosa	do.	13	10	10	4 1/2	do.
14	39	do.	do.	10	6	6	3 1/2	do.
15	42	Leopard	do.	8	4 1/2	8 1/2	2 1/2	do.
16	43	do.	do.	10	9	6	2 3/4	do.
17	44	do.	do.	10	9	6	2 3/4	do.
18	45	do.	do.	10	9	3 1/2	2	do.
19	46	do	do.	7	1 1/2	6	1 1/2	do.
20	48	Argus	do.	10	3	5 1/2	2	do.
21	49	do.	do.	9	9	4 3/4	1 1/2	do.
22	[ ]	do.	do.	9	9	4 3/4	1 1/2	do.
23	[ ]	do.	do.	6	10	6 1/4	1 1/2	do.
24	[ ]	Perseus	do.	6	10	4	3/4	do.
25	[ ]	do.	do.	5	10	6	3/4	do.
26	[ ]	do.	Field Piece	6	6	4 1/2	1	do.
27	4	Semiramis	Bronze Gun	11	6	6	2 3/4	France
28	7	do.	do.	8	6	6	2	do.
29	8	do.	do.	8	6	6	2	do.
30	9	do.	do.	11	6	5 1/2	2 3/4	do.
31	10	Dupleix	do.	9	6	4	3/4	do.
32	11	do.	Bronze Field Piece	6	6	6	1/2	do.
33	12	do.	Bronze Shell Gun	4	6	7	1/4	do.
34	13	do.	Bronze Gun	7	6	5	2	do.
35	14	do.	do.	8	6	7	2	do.
36	15	do.	do.	6	6	3 1/2	1	do.
37	27	Amsterdam	Mortar	6	6	8	1/4	do.
38	30	D'Jambi	Bronze Gun	6	6	3 1/2	3/4	do.
39	31	do.	Bronze Shell Gun	3	6	6	1/2	do.
40	41	Leopard	Bronze Gun	8	6	9	5	do.
41	3	Semiramis	do.	11	2	5 1/2	2 3/4	Holland
42	16	Medusa	do.	9	2	4	1	do.
43	21	Metalen Kruis	do.	9	6	4	1 1/4	do.
44	22	do.	do.	6	1	4	3/4	do.
45	23	do.	do.	6	1	3 1/4	3/4	do.
46	24	do.	Bronze Shell Gun	4	1	6 1/2	1/2	do.
47	25	do.	do.	4	1	6 1/2	1/2	do.
48	26	Amsterdam	Bronze Field Piece	5	6	4	1/2	do.
49	33	D'Jambi	Bronze Gun	5	6	6	1	do.
50	34	Conqueror	do.	10	6	5 1/2	2 3/4	do.
51	37	do.	do.	10	6	5 1/2	2 3/4	do.
52	40	Barrosa	do.	10	6	5 1/2	3	do.
53	47	Leopard	do.	7	1 1/2	6	1 1/2	do.
54	6	Semiramis	do.	8	1 1/2	6	2	United States

(Signed) Leo. M. Hayes
Captain H. M. Ship Tartar
Presidents of Commission

表No.	識別No.	艦船	種類	長さ（フィート・インチ）	口径（インチ）	重量（トン）	配分先国
48	26	アムステルダム号	青銅野砲	5フィート 6インチ	4インチ	0.5トン	オランダ
49	33	ジャンビー号	青銅砲	5フィート 6インチ	6インチ	1トン	オランダ

保谷論文所収の英国海軍資料〈ヘイズ・リスト〉より一部抽出、翻訳・加筆(18)

砲（Bronze Gun）、青銅爆母砲（青銅炸裂弾砲、Bronze Shell Gun）、野戦砲（Field Piece）、臼砲（Mortar）、忽砲（曲射砲、Howitzer）に区分されている。

このリストが、後に各国に現存する大砲を含む分配された大砲やさらには、長州側資料における戦闘前の事前の大砲の分析に大きな役立ちと、若干の混乱をもたらすことになる。

それはさておき、筆者はこのリストから、オランダに配分された表No.四八・識別No.四九の大砲がどうもデン・ヘルダーの野戦砲に該当するのではないかと考えた。

この大砲の内訳（諸元）は、このリストでは「表No.48／識別No.26／積載艦アムステルダム号／砲種青銅・野砲／砲長5フィート6インチ／口径4インチ／重さ0・5トン／配分先国オランダ」となっている。(17) このデータは、古川氏の調査結果（砲身一六二センチメートル、口径一〇・二センチメートル）とほぼ一致する。

古川氏の調査結果に相応するオランダへの配分大砲は、ヘイズ・リストの表No.四八とNo.四九の大砲である。特にNo.四八の方が口径から見ても近いといえるであろう。しかも、識別番号「26」は、まさにこの大砲の砲耳に刻まれた数字と合致する。さらに、このいずれも青銅砲（鋳造砲）であり、クルップ砲のような鋼鉄製の大砲ではない。

これより、砲耳に刻まれた26の数字は、鋳造当初から付けられていたものではなく戦利品の鹵獲番号・認識（識別）番号として後に刻まれた可能性が高い。もちろんこのリスト以外にも多くの大砲が没収されていたかもしれないが、このリストに見る限り、この大砲が日本製である可能性はほぼ間違いないと確信するに至った。[19]

このように、砲耳の「26」という算用数字（アラビア数字）の謎は長く筆者の心を捉えて放さなかった。この問題は、ヘイズ・リストの中から重要な手がかりを得るとともに、それが確信に変わっていった。同時にこのことが、その後の下関戦争における使用大砲の調査分析にあたり、現存する大砲の砲耳に刻まれた識別番号はヘイズ・リストの大砲のいずれであるかを確定する具体的な証拠となり、さらには長州側大砲リストとヘイズ・リストを関連づける大きな手がかりとなることを教えてくれた。大砲の調査分析にあたって後に中本静暁先生との出会いによりさらに大きく進展することとなった。中本先生は高校で物理を教えられるとともに下関の郷土史家として下関戦争などについて詳しく研究しておられた。

このことも含めて、萩博物館でのこのリレーシンポジウムは後から考えると、鉄製大砲をめぐる萩反射炉や佐賀の反射炉との比較からさらに幕末の大砲の発展についての筆者の関心と理解に大きく影響することとなった。

このシンポジウムにおける一連の幕末の近代化に関する知のネットワークの研究が後に明治産業革命の世界遺産登録へと結実して行く。それは個人の研究の枠を超えて産業革命遺産の形成というマクロ的に大きな意味を持っていたのである。

【第二章注記】

（1）一般的な感覚では、「ガン」と言えばいわゆる鉄砲（鳥打ち銃や拳銃）を考えがちであるが、海外（特に英語圏）ではむしろ大砲を含めてガンと呼ぶことが多いようである。また、わが国の鉄砲（鉄炮）も、火縄銃（鳥銃、マスケットmusket）を想起することが多いが、人筒といわれる大型鉄砲や大砲も含まれる。宇田川武久『鉄砲と戦国合戦』吉川弘文館、二〇〇二年、六―七頁参照。とくに、ここにとりあげる青銅砲のような大型の旧式大砲はカノン（蘭語＝Kanon、英語＝cannon、独語＝Kanone）ともカノン砲（加農砲）とも呼ばれる。英米では「ガン」という場合いわゆるこのカノン砲（加農砲）を指すことも多いようである。

（2）古川薫「青銅砲オランダ流離譚」『別冊文藝春秋』第二三三号、二〇〇〇年。古川薫「カノン探しの終点アムステルダム―続・青銅砲オランダ流離譚」『別冊文藝春秋』第二三四号、二〇〇〇年。

（3）佐々木譲『幕臣たちと技術立国―江川英龍・中島三郎助・榎本武揚が追った夢』集英社新書、二〇〇六年、一六五頁―一七八頁。

（4）鈴木主税訳ウィリアム・マンチェスター著『クルップの歴史　一五八七―一九六八　上巻』フジ出版社、一九八二年、九三―九五頁。Manchester, W., The Arms of Krupp 1587-1968 The Rise and Fall of the Industrial Dynasty That Armed Germany at War, Little, Brown and Company, 1964, pp. 67-69. 福迫勇雄訳、W・ベルドロウ著『クルップ』柏葉書院、一九四二年、一三四―一三八頁。

（5）古川前掲論文（「カノン探しの終点…」）、四八一頁。

（6）清永唯夫『攘夷戦長州砲始末―大砲パリから帰る―』東秀出版、一九八四年、一一三頁参照。

（7）古川前掲論文（「カノン探しの終点…」）、四七九頁。

（8）古川前掲論文（「青銅砲オランダ流離譚」）、三八二頁。小川忠文「長州鉄砲雑記」『長州の科学技術～近代化への軌跡～』創刊号、二〇〇三年、四六頁。
（9）松村昌家『幕末維新使節団のイギリス往還記―ヴィクトリアン・インパクト』柏書房、二〇〇八年、一四―三九頁、第三章。宮永孝『幕末遣欧使節団』講談社学術文庫、二〇〇六年、一章～三章、一三三頁。
（10）長州藩（萩藩）からは杉徳輔（孫七郎）が参加している。宮永前掲書、二三一―二六頁。
（11）福澤諭吉『新訂福翁自伝』（富田正文校訂）岩波書店、一九七八年、二七―一〇四頁。
（12）福澤諭吉『帳合之法』初編（略式）明治六年（一八七三）、二編（本式）明治七年（一八七四）。
（13）宮永前掲書、一七一―一七二頁。拙稿「オランダとパリのカノン紀行―海を渡った大砲を訪ねて―」『大阪学院大学通信』第三七巻第三号、二〇〇六年、三八頁、六一―六二頁参照。
（14）拙著『幕末の長州藩―西洋兵学と近代化―』鳥影社、二〇一九年、一一二―一一三頁。このこともあって、郡司千左衛門は、佐久間象山と勝海舟を終生師と仰いだとされる。
（15）洋式砲における照準については興味深いことにオランダ軍制式野戦砲（騎馬旅団砲兵用の一八六・一年式八センチメートルライフル野戦大砲）には砲の先に照準が付けられていた。これは大阪大学大学院に留学していたベルギー陸軍将校バハ・クサビエ（Bara Xavier）博士から教えてもらった。したがって、先目当が和式大砲の絶対的な特徴とはいえないことは付記しておきたい。
（16）PRO ADM125/118 [Return of the distribution of Guns captured from the Japanese Batteries] (Her Majesty’s Ship Tartar, Straits of Shimonoseki, 20 September 1864).『英国公文書館　ADM125/118 [日本の砲台から没収した大砲分配の成果]』（陛下の艦タータ―号一八六四年九月二十日下関海峡）
（17）前注の戦利品リストの表番号48番のデータ【48/26/Amsterdam/Bronze Field Piece/5Feet6Inches/Calibres4Inches/

Weights1/2ton/ Nation Allotted to Holland】がこれである。

（18）保谷徹編著『「欧米資料による下関戦争の総合的研究」研究報告書』東京大学史料編纂所、二〇〇一年、七一頁。保谷徹「下関戦争と長州砲」萩博物館『第二回リレーシンポジウム　近代を開いた江戸のモノづくり―幕末の地域ネットワークと近代化の諸相―報告書』萩市、二〇〇六年、四八―五一頁。

（19）拙稿前掲（「オランダとパリのカノン紀行」）、五六―五九頁。拙稿「オランダ・パリ・ロンドンの大砲―海を渡った長州砲―」『新・史都萩』第二二号、二〇〇七年、二頁。拙稿「江戸後期における長州藩の大砲鋳造活動考―右平次（喜平治）勤功書を中心として―」『伝統技術研究』第四号、二〇一一年、三四―三五頁、四三頁。

第三章　パリの大砲

一　パリ・アンヴァリッドの西洋式一八ポンドカノン砲

二〇〇四年八月一〇日（火曜日）朝オランダのスキポール空港からパリのドゴール空港に定時に到着した。午後一時過ぎにはアンヴァリッド（les Invalides）横のホテルに着いた。アンヴァリッドは、「廃兵院（L'Hôtel des Invalides）」とも訳称されるが、現在は軍事博物館となっている。その近くにはロダン美術館もある。

ホテル到着後、さっそくアンヴァリッドへ向かった。アンヴァリッドはセーヌ河畔にあり、エッフェル塔や凱旋門、シャンゼリゼ通りからそう遠くないところにある。パリの中心地帯に位置しているといって良いであろう。

アンヴァリッドの南門側にはナポレオンの石棺のおかれたドームがある。アンヴァリッドの金色のドームは、モンマルトルの丘にあるサクレ・クール寺院からも、凱旋門からも、よくみえた。どこに行っても、アンヴァリッドのドームはよく目に付いた。

アンヴァリッドからエッフェル塔へ行き、凱旋門からシャンゼリゼ通りを下って、アンヴァリッドへ戻る行程はゆっくり散策しながらでもせいぜい二時間程度であり、そう遠くない範囲にある。

パリはこれで二度目の訪問である。一九九八年に、家族でドイツのロマンチック街道からスイスの観光地を経由してジュネーブから超特急（ＴＧＶ）に乗りパリへ向かった。パリでは結構、自由時間があり、エッ

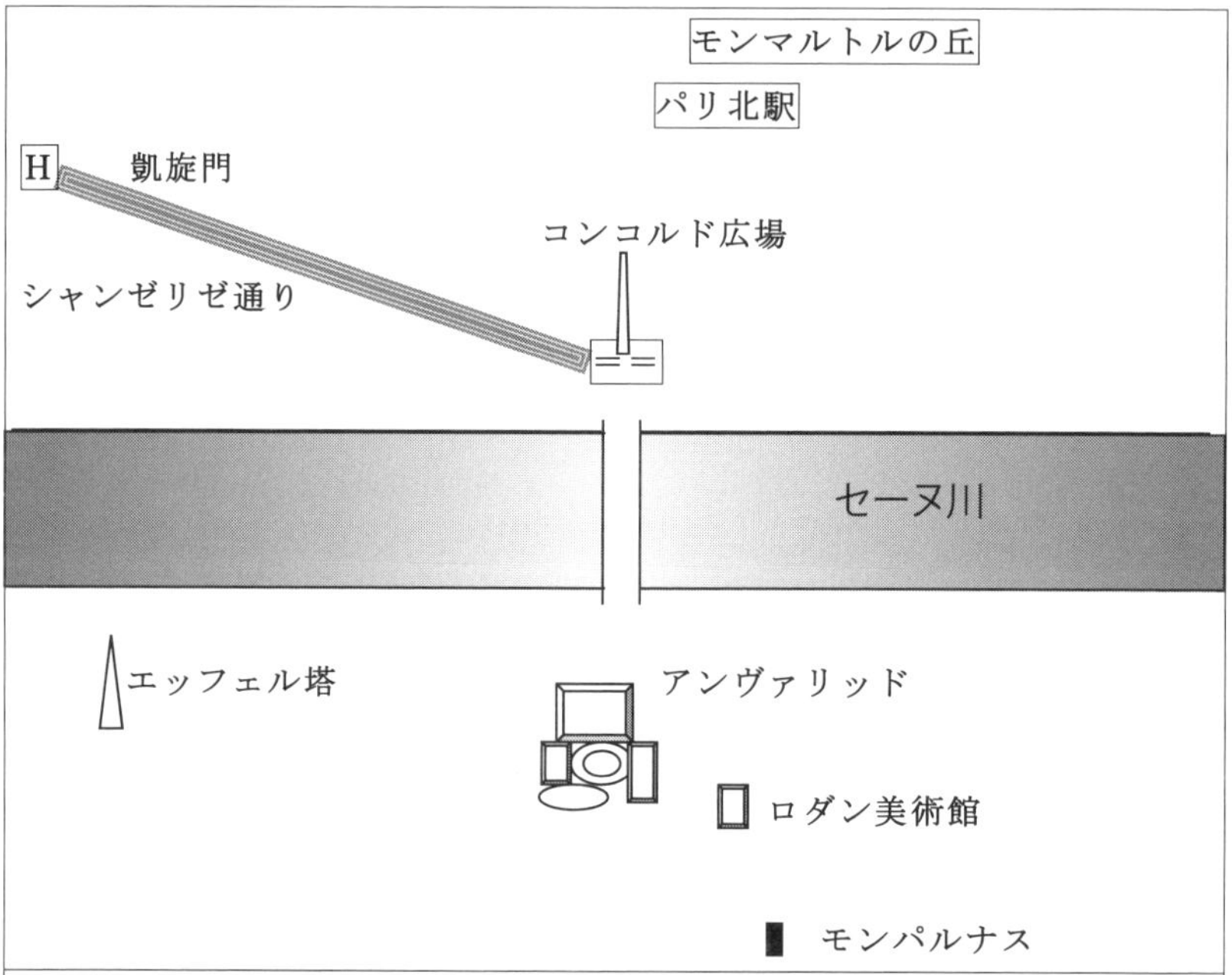

南側ドーム教会

アンヴァリッド北門側

フェル塔、凱旋門、モンマルトルやムーランルージュ等へも回った。パリに大砲があるらしいことは古川薫氏の著書でおぼろげながらわかっていたが、この時は観光ツアー旅行でもあり、単独で探すのは無理と思いあきらめていた。

セーヌ川寄りのアンヴァリッド北門を入って、すぐのところに左右それぞれ一〇門ずつ大砲が置かれていた。向かって右側（西側）のエッフェル塔側にある大砲群の中に長州砲はあった。一番手前（向かって一番左側）の大砲の砲身には、「道光二十一年四月江西省鋳造」[1]、「厚東省佛鋳区爐行季永奉」という二行にわたる銘が刻まれている。清国製の青銅砲である。

二番目の大砲の砲身を見たとき、まず萩本藩・毛利家の定紋「一に三つ星の紋」が目に入った。これこそが郡司右平次（喜平治）が嘉永七年（一八五四）に長州藩江戸別邸で鋳造指揮した西洋式大砲の一つであり、

ナポレオンの石棺

ロダン美術館とドーム

ドームとモンパルナス

砲身の長い大砲はカノン砲（加農砲）と呼ばれる。そして砲弾は一八ポンド（八・一六㌔）の重量の弾丸を発射するためのものであるから一八ポンドカノン砲と一般的にいわれる。

　写真を撮りながら、よく見るとその砲身の先の方に、「十八封度礮（砲）」（十八ポンド砲）の字が大きく刻まれているのが解った。その手前には、二行に分かれて字が刻まれていた。右側には「嘉永七歳次甲寅季春」（嘉永七年の春の季節に）という字が判明した。そしてその左側は腐食が進んでいるためなかなか解りにくかったが、「於江都葛飾別墅鋳之」（江戸葛飾の別墅《べっしょ》（別邸）でこれを鋳造した）という文字が判読できた。

　この大砲は、嘉永七年春に佐久間象山の指導に基づいて、江戸葛飾砂村（現江東区砂町）の長州藩別邸において郡司右平次が鋳造指揮した三六門の西洋式カノン砲のうちの一門である。

アンヴァリッドの一八ポンド砲

東側トルコの大砲、日本、中国の大砲

遠くにエッフェル塔

セーヌ川を望む

「一に三つ星」の紋

十八封度礮

嘉永七歳次甲寅季春
於江都葛飾別墅鋳之

一八ポンド長州砲の横にあるトルコの大砲七門は、各砲身にそれぞれ独特のデザインが施されていた。これは、単なる機能重視の現代兵器と異なり、国家や藩にとって貴重な財産であり作品であることを物語っている。

二　西洋式カノン砲のフランス帰属――ＩＬＮ記事より――

このような西洋式カノン砲がフランスに没収され、今日に残されたことについては、英国ヴィクトリア朝文化研究の第一人者松村昌家先生（大手前大学大学院教授）の興味深い指摘がある。[2] すなわち、一八六四年一二月二四日付けＩＬＮ（「絵入りロンドン新聞」）の第一面に「戦闘後の下関低地砲台内部」についての特派画家チャールズ・ワーグマン（Charles Wirgman）によるスケッチ画が掲載され、その説明記事が第二面に掲載されている。このスケッチ画は、二日目（陽暦九月六日）の戦いで占領された低地砲台の内部を示している。そこは、フランス軍艦セミラミスから派遣された部隊によって占拠された。その日本の大砲（guns）は、非常に高い位置に据え付けられている。それらは江戸で鋳造されたものであり、その台座（砲座）も同様に日本製である。[3] 背後には幾人かの英国将校がこれを見ているのが解る。

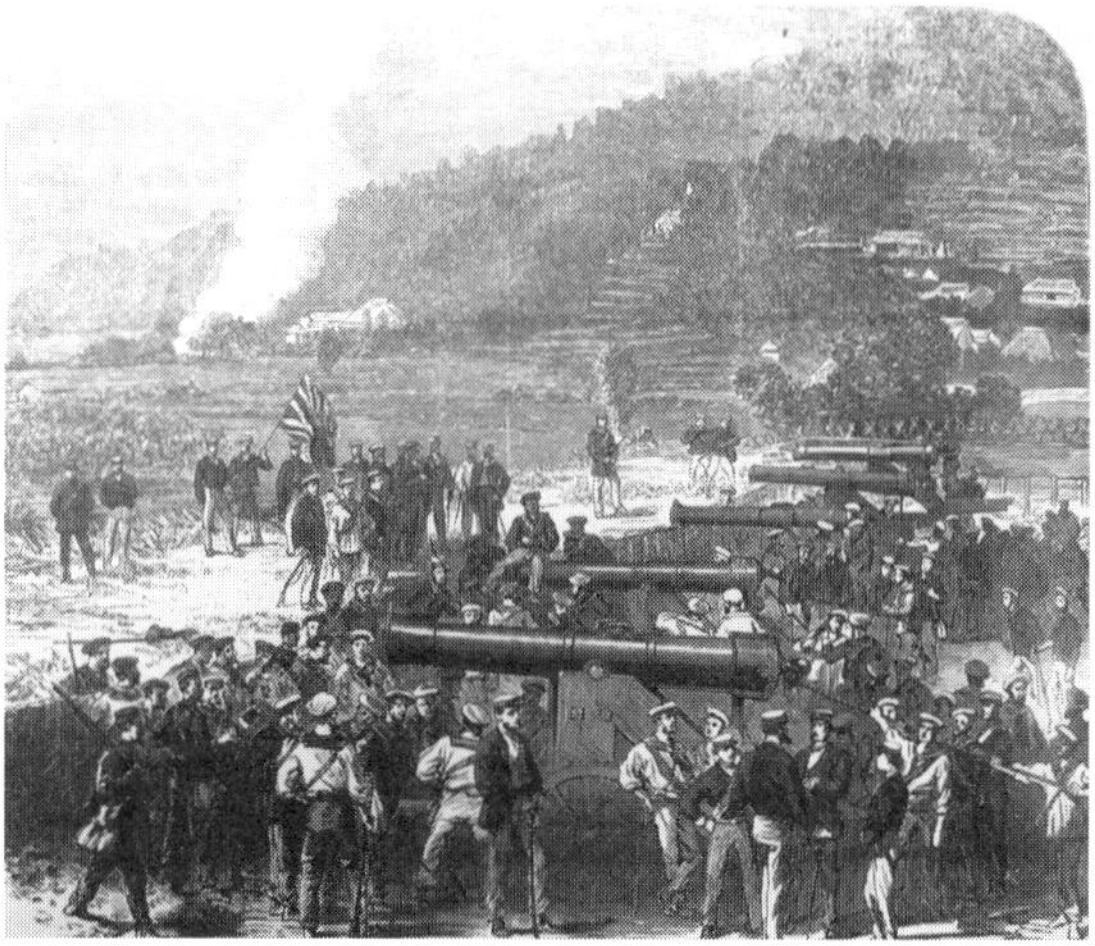

ＩＬＮ、一八六四年一二月二四日付記事

また、アーネスト・サトウは「砲身は青銅製で、ひじょうに長く、二四ポンドの記号が付いていたが、その実三二ポン

ベアトの前田砲台占拠写真―萩市郡司鋳造所遺構広場展示

ドの弾丸を発射していた。これらの大砲には、一八五四年に相当する日本の年号（嘉永七年）が記されていた。江戸で鋳造されたものであることは明らかだった。」と述べている。[4]

これよりうかがえることは、嘉永七年に右平次（喜平治）が江戸で鋳造指揮したカノン砲は低地砲台に据えられており、フランス軍により占拠され大砲が接収されたということであろう。この低地砲台は、はたしてどこの砲台なのであろうか。先の一八六四年（元治元年）の攘夷戦争における各砲台の大砲配備状況からみれば、八〇ポンド砲とともに二四ポンド砲、一八ポンド砲が据えられていたのは前田の砲台（前田下砲台）である。

このスケッチ画と酷似するものに、ベアトが写した前田砲台占拠の写真がある。[5] これに関しては、清永唯夫氏の叙述が参考になろう。第一日目（五日）午後二時過ぎ連合艦隊は全艦一斉に艦砲射撃の火蓋を切った。前田砲台も砲撃され、英国水兵二〇人ばかりが上陸し、前田の砲台に侵入、大砲を破壊あるいは海に投げ込み、陣屋に火を放って引き揚げた。

長州軍は、いったん砲台を放棄したものの、夜陰に乗じて再び持ち場に戻って陣容を立て直し、翌六日に最大の激戦が繰り広げられた。この日早朝からの濃霧に乗じた長州軍の善戦に対し、連合軍側は砲台の奪取を決意し、午後には総員二、六〇〇人の兵を前田海岸に上陸させ激しい陸戦を展開した。[6]

アーネスト・サトウも、総括して「日本人が頑強に戦ったことは、認めてやらねばならない」と述べているとおり、奇兵隊を中核とした長州軍はその過小な戦力で敵が認める程によく善戦したのである。[7]

かくて、いずれにせよフランス軍の占拠した低地砲台の大砲―それは江戸で嘉永七年（一八五四）に造られた大砲―は、フランスに配分され、アンヴァリッドに保管されるようになったとみられる。ただし、アンヴァリッドにあるはずのもう一門の西洋式カノン砲はその後不明のままであり、これが同じ一八ポンド砲なのか、あるいは同形の二四ポンド砲なのかもわからなくなった。アーネスト・サトウは、前述のようにむしろ二四ポンドカノン砲について言及している。また、古川薫氏のアンヴァリッド内庭の大砲の写真を見る限り、一八ポンド砲よりも大きくかつ長く見えた。[8]

三　長州砲の由来と行方

パリのアンヴァリッドには下関戦争の戦利品としてフランス艦隊が持ち帰った大砲のうちの三門が保管されていた。先の一八ポンドカノン砲に加えて、同じ形式の西洋式カノン砲が一門、そして荻野流の和式（和流）カノン砲がもう一門の計三門である。

アンヴァリッドの回廊には世界中の様々の装飾の施された大砲だけでなく、階段下の踊り場には、旧式の小型戦車も置かれていた。鉄の輪を巻きつけた木製の大砲もあった。木製の大砲は必ずしも模擬砲とは限らず、安盛《あさか》流のように持ち運び容易で重要な火器として積極的に用いられた例もある[9]。

アンヴァリッドの臼砲

アンヴァリッド回廊の
大砲と階段下の戦車

（一）荻野流一貫目玉青銅砲

天保一五年製の荻野流一貫目玉青銅砲は、回廊の内側に置かれていたとされる。この和式大砲は、砲身には雲竜模様と製造年（天保十五年甲辰）と制作者名（喜平治信安作）とが刻まれており、明らかに洋式砲と形態が異なるものである。そのために良質の青銅工芸品（戦利品）として回廊の内側に置かれていたようである。

これらの長州藩の大砲は、明治時代からその所在が確認されており、その都度フランス政府と返還交渉がなされたが、成功しなかったという。戦後長い間その存在が忘れられていた。その後、作家の古川薫氏がその所在を発見し、時の外務大臣安倍晋太郎氏を通じてフランス政府と粘り強く交渉がなされた。昭和五九年（一九八四）、フランス大統領の好意により、長府藩主の甲冑と相互貸与の形で喜平治作の一貫目玉青銅砲が長府博物館に「荻野流一貫目青銅砲」として展示されるようになったものである。また、そのレプリカ（模型）は、下関海峡を臨む、壇ノ浦の「みもすそ川公園」に展示されている。

荻野流一貫目青銅砲（長府博物館蔵）

壇ノ浦の一貫目青銅砲模型

壇ノ浦の西洋式カノン砲模型

(二) 二門の西洋式カノン砲

一八ポンドカノン砲は、下関戦争の約一〇年前の嘉永七年（一八五四）に造られたものであり、これもまたすでに旧式砲であった。この大砲はもともとペリー提督率いる米国艦隊が浦賀に来た時に、相州警備のために佐久間象山の指導を受けて造られたものである。その後、文久三年の攘夷決行のために江戸から下関に運ばれた。それだけでなく長府でも一五〇ポンド砲とともに、二四ポンド砲（やこれより少し大きい八〇トロイポンド砲[10]）も急遽鋳造された。そのこともあって、現在、壇ノ浦には二四ポンド砲等の大砲のレプリカが五門、さきの喜平治の大砲レプリカとともに展示されている。

喜平治（右平次）は、一生のうちに一三〇門の大砲を造ったといわれる。当時、佐久間象山は、西洋兵学者・西洋流砲術家として有名であり、彼が仕えた松代藩はもとより、各藩において大砲製造の指導をした。しかしそれは成功することもあれば失敗することもあった[11]。それは象山の注文した大砲を鋳造した鋳物師の腕（鋳砲技術）の優劣に負うことも大きかったであろうし、使用した火薬の量によることもあったかもしれない。

萩藩の場合、鋳造・鋳砲の技術は萩東郊の松本と南郊の青海の鋳造所を中心に代々技術の継承と研鑽が重ねられてきた。とくに鬆（巣）と呼ばれる空洞部分が少ないことが、良い音色を出す梵鐘にとっても、発砲しても破裂しない大砲の鋳造にとっても重要な条件となる。おそらくこのような鋳造技術は、天平時代（七四九年鋳造終了）における奈良の大仏鋳造に関係した技術から代々伝えられてきたと思われる[12]。

名人喜平治の腕をもってすれば洋式砲の鋳造に十分に応えうるものであったであろう。しかも喜平治等は、それ以前から藩命により、その前年嘉永六年（一八五三）にかなりの西洋式大砲の鋳造を行っている。とくに嘉永七年には吉田松陰が再来航したアメリカ船で渡海しようとした事件で象山も投獄されていたので大砲製造の指導はできなかったのではないかと推測する人もあるが、象山が長州藩から相談を受けたのはそれ以前のことであり、また「鋳造」の指導ではなく、おそらく佐賀藩（本島藤太夫）と同様の、海岸防衛に必要な大砲の種類等についてのことと思われる(13)。

パリの一八ポンドカノン砲は洋式砲であるが、銘文における漢字の使用により隣の中国砲と同様中国製とみなされて外庭に並置されたのであろうか。もう一門の洋式カノン砲の所在は長いこと不明のままである。

筆者の友人の紹介でオルレアン大学のアラン・フルーリ（Allain Fleury）教授に、アンヴァリッドにあるはずのもう一門の長州砲の行方を調査してもらったが、ついに判明しないままであった。

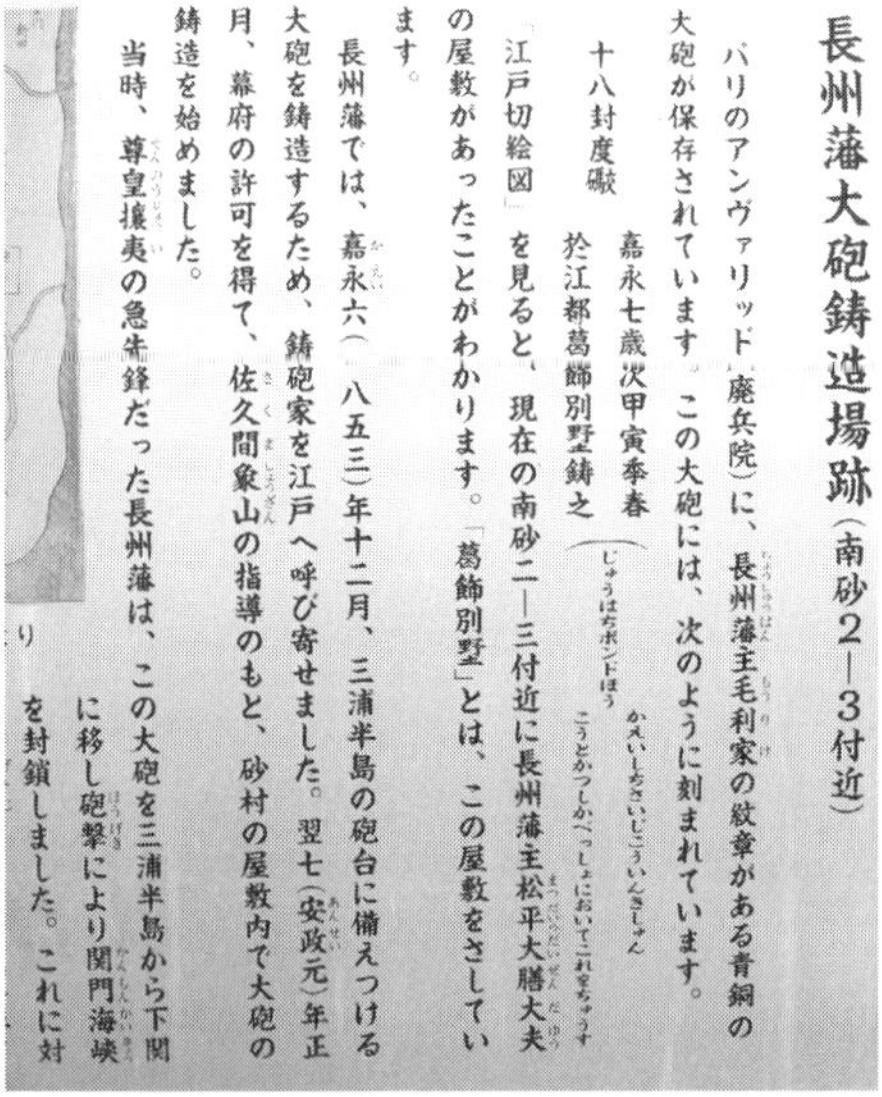
長州藩大砲鋳造場跡（南砂2―3付近）
パリのアンヴァリッド（廃兵院）に、長州藩主《ちょうしゅうはん》毛利家《もうりけ》の紋章がある青銅の大砲が保存されています。この大砲には、次のように刻まれています。
十八封度礟（じゅうはちポンドほう）
嘉永七歳次甲寅季春《かえいしちさいじこういんきしゅん》
於江都葛飾別墅鋳之《こうとかつしかべっしょにおいてこれをちゅうす》
「江戸切絵図」を見ると、現在の南砂二―三付近に長州藩主松平大膳大夫《まつだいらだいぜんだゆう》の屋敷があったことがわかります。「葛飾別墅」とは、この屋敷をさしています。
長州藩では、嘉永《かえい》六（一八五三）年十二月、三浦半島の砲台に備えつける大砲を鋳造するため、鋳砲家を江戸へ呼び寄せました。翌七（安政《あんせい》元）年正月、幕府の許可を得て、佐久間象山《さくましょうざん》の指導のもと、砂村の屋敷内で大砲の鋳造を始めました。
当時、尊皇攘夷《そんのうじょうい》の急先鋒だった長州藩は、この大砲を三浦半島から下関に移し砲撃《ほうげき》により関門海峡《かんもんかいきょう》を封鎖しました。これに対

東京江東区役所付近に置かれた西洋式大砲の三分の一模型とその説明板

（三）江戸葛飾砂村藩別邸跡地の大砲レプリカ
一八ポンド砲のレプリカ（三分の一模型）が、当時の製造場所である江戸葛飾砂村の長州藩別邸があった東京都江東区役所の近くの公園に説明板とともに設置されている（前頁参照）。

四　さらばパリのカノン

荻野流の和式大砲は、かつて長州藩の重臣村田清風等が考案し命名した神器陣という銃陣（砲陣）において重要な役割を担った天山流（荻野流増補新術）周発台と同流の大砲である。その後、萩藩は大組砲術師範の郡司源之允や遠近付大筒打の郡司覚之進（千左衛門）らの研究と建言により西洋式大砲と砲術を中心とする洋式銃陣への転換を試みた。しかし、神器陣は安政六年（一八五九）まで継続された[14]。欧米連合艦隊来襲時には、この荻野流一貫目玉青銅砲等の和流大砲はこの時すでに二〇年前の旧式砲であり、第一線の前田や壇ノ浦の砲台ではなく、周辺地域の彦島や長府の砲台等に多く設置された。

他方、一八ポンド・二四ポンドカノン砲は、ペリー来航後に今後予想されるペリー艦隊の再来航に備えて、江戸近辺の警衛に供すべく、葛飾砂村の藩別邸に郡司右平次（喜平治）を萩から急遽呼び寄せて鋳造指揮させたものである。

八月一三日（金曜日）最終日、午前中は時間があったので、九時前にシャイヨー宮へ行き、国立海軍博物館を訪れた。フランス海軍の歴史というよりも、その戦利品等の陳列からは世界史の流れを垣間見るようであり、子供でも興味深く見学できるよう工夫がなされていた。一時過ぎにアンヴァリッドに戻り、一八ポンド西洋式カノン砲をあらためて写真に納め、その砲身の長さ、砲身銘等を再確認した。砲身の長さ＝約三メートル、砲口の長さ＝約三〇センチメートル、砲尾部の長さ＝約四五センチメートルであった。空港へ向かう途中、降り出した雨が別れを惜しむかのようであった。

五　心はロンドンへ

二〇〇五年四月に、松村昌家先生が英国ビクトリア朝文化の研究の一環としてロンドン万博におけるアームストロング砲の調査のためにロンドン郊外ウリッジ（Woolwich）のロタンダ王立大砲博物館を訪れられた。その博物館には日本の和流大砲二門が保管されており、その一門には喜平治信安の名が、また他の一門には富蔵信成の名前が刻まれていた、ということを帰国後先生の研究会で話された。このことを松村先生の門下生である同僚の教授から聞いたとき、筆者は思わず耳を疑った。二門の大砲がすべて喜平治作と思ってきたところに、もう一門は富蔵信成の銘が刻まれていたというのである。富蔵信成は、当時の青海鋳造所の初代讃岐から数えて八代目の当主であり、筆者の直接の先祖（高祖父）であったからである。

【第三章注記】

（1）道光二一年は、一八四一年である。清永唯夫『攘夷戦長州砲始末―大砲パリから帰る』東秀出版、一九八四年、九九頁参照。

（2）松村昌家「アームストロング砲と幕末日本―下関海峡における長州砲とアームストロング砲のエンカウンター―」郡司健編著『国際シンポジウム報告書　海を渡った長州砲〜長州ファイブも学んだロンドンからの便り〜』二〇〇七年、三三頁。

（3）ILN (The Illustrated London News), December 24, 1864, p.621; The Illustrated London News (ILN) : Compiled and Introduced by T.Bennet, Japan and The Illustrated London News, Complete Record of Reported Events 1853-1899, Global Oriental, 2006, pp. 149-150.（金井圓編訳『描かれた幕末明治―イラストレーテッド・ロンドン・ニュース日本通信一八五三―一九〇二』雄松堂書店、一九七三年、一二八頁。

（4）坂田精一訳『アーネスト・サトウ　一外交官の見た明治維新（上）』岩波文庫、一九六〇年、一三二頁。Ernest M. Satow, A Diplomat in Japan, 1921, London, pp. 109-110.

（5）清永前掲書、七二―七三頁。古川薫『幕末長州藩の攘夷戦争―欧米連合艦隊の来襲』中公新書、一九九六年、一七五頁。

（6）清永前掲書、七〇頁、七五頁。

（7）坂田前掲訳書、一三〇頁。Satow, op. cit., p. 108.

（8）古館充臣・古川薫『パリの大砲』創元社、一九八三年、一〇四頁。

（9）木砲は日露戦争においても実戦に使用されている。拙稿「わが国大砲技術の生成・発展―江戸初期までの大砲技術の発展―」『大阪学院大学通信』第四〇巻一〇号、二〇一〇年、四二―五九頁。

（10）下関壇ノ浦に展示されている八〇ポンドカノン砲は、口径自体二四ポンド砲のそれとあまり変わらないことから、そのポンド単位は標準ポンド単位ではなく、トロイポンド単位と推測されている。中本静暁「外国側史料に見る下関攘夷戦争　付説：『壇之浦の八〇斤長州砲のレプリカ』と『ポンド砲』に関する一考察」『伝統技術研究』第八号、二〇一五年、三一頁。拙稿「下関戦争で使用された大砲とその技術格差―各国に現存する大砲と長州側及び英国側史料とを中心として―」『銃砲史研究』第三八九号、二〇二〇年、一一頁。

(11) 東徹『佐久間象山と科学技術』思文閣出版、二〇〇二年、二五―二七頁。山口県美祢市の「長登」銅山という地名は奈良の大仏建立にあたり銅を大量に収めたことから「奈良登り」が転訛したものとされる。

(12) 金子功『反射炉Ⅰ―大砲をめぐる社会史―』法政大学出版局、一九九五年、二三頁、二〇七―二〇八頁。

(13) 拙著『幕末の長州藩―西洋兵学と近代化―』鳥影社、二〇一九年、八三―八四頁、八六―八七頁。

(14) 拙著前掲、四六―四八頁、七五―七八頁、一一六―一三二頁。

第四章　ロンドンの大砲

一　荻野流一貫目青銅砲と萩の二つの鋳造所

二〇〇四年八月にオランダとパリの長州砲を探訪した。二〇〇五年には、前年行けなかったロンドンの王立大砲博物館（王立砲兵博物館、Royal Artillery Museum）を訪れるつもりであった。

二〇〇五年四月、松村昌家先生はかつて幕末遣欧使節団が英国滞在中に参観した第二回ロンドン万国博覧会とアームストロング砲の調査のために訪問された。その際、ウリッジの王立大砲博物館敷地内の丘の上にあるロタンダ展示館（旧ロタンダ大砲博物館）で「郡司喜平治信安」と「郡司富蔵信成」という銘が刻まれた和式大砲をみてこられた、という話を大学の同僚から聞いた。筆者は耳を疑った。郡司喜平治信安は、萩の松本鋳造所の当主であり、郡司富蔵信成は、同じく萩の青海鋳造所の当主でしかも筆者の直接の先祖（高祖父）であった。

長州藩の本藩である萩藩には江戸初期から二つの鋳造所が存続してきた。この二つの鋳造所はいずれも郡司讃岐信久が開設したものである。讃岐は砲術の技と大砲鋳造の功績によって召し抱えられ、防府（三田尻）から萩へ移住した。そこでまず松本の鋳造所を開き、ついで青海に鋳造所を開いた。

その後、讃岐の一族は、砲術家五家（藩士）と鋳造所二家（準士、御細工人）とに分かれて、それぞれ大砲の運用（砲術）と大砲・洪鐘等の鋳造とに携わってきた。鋳造所二家はそれぞれ松本と青海の鋳造所を承継し、代々鋳造に従事するとともに、防長二州の鋳物師連盟の総代を務めてきた。

松本の鋳造所は、東萩の松陰神社（松下村塾）の近くに位置する。こちらは讃岐の三男喜兵衛信安が跡を継いだが、その鋳造と砲術の技により士分となった。その嫡子源太夫信久はその跡を継ぎ、遠近付から大組大筒打となり、一族の砲術家（隆安流大筒打）筆頭となった。そこで鋳造所（御細工人）の方は、一族から選んでその跡を継がせたが、その功績によっては砲術家（遠近付大筒打）として取り立てられることもあった。その最後の後継者である喜平治（右平次）信安は、一生のうち一六〇門の大砲を造ったといわれる。喜平治が嘉永七年（一八五四）に佐久間象山の指導を受けて葛飾砂村の長州藩別邸で鋳造指揮した西洋式カノン砲はパリのアンヴァリッド前庭に置かれている。同じく彼が、天保一五年（一八四四）に造った和式大砲（「荻野流一貫目青銅砲」）は、フランス政府の厚意によって長府藩主の甲冑（鎧兜）と交換に、長期貸与され下関の長府博物館に展示されていた。(1)

これに対し、青海の鋳造所は、萩の南側、萩駅と毛利家の菩提寺大照院の中間に位置している。こちらは讃岐のあと長男権之丞はすでに逝去していたため、讃岐四男から七男を経て長男の孫が跡を継ぎ、讃岐直系の鋳造所として位置づけられる。(2) 文化五年（一八〇八）に大組砲術師範の郡司源太左衛門信順が著した『御筒数』のなかで、寛政四年（一七九二）「子の年」に一貫目御筒を「椿（青海）で一挺、松本で二挺」作ったという記録が残されている。天保期には青海でも大砲を鋳造していたこととなる。その後も嘉永六年（一八五三）末にも荻野流砲術師範の守永弥右衛門の和流大砲（六貫目焙烙《ほうろく》玉筒）を造っていたとする記録も見いだされるので、この頃まで大砲も造っていたとみられる。(3)

当初、ロタンダの二門の和流大砲はいずれも喜平治の作と推測されていた。その後、萩ガラス工房代表の藤田洪太郎氏から、古川薫氏が二〇〇一年に萩で行われた講演会に関する論文を送っていただいた。(4) そこには、イギリスのロタンダ（Rotunda）展示館（旧ロタンダ大砲博物館）に喜平治の大砲と富蔵の大砲とがそれぞれ各一門あることが書かれていた。この講演録を早く入手していれば、昨年の大砲探索にあたって、何よりもロンドンを優先したであろう。

五月に松村先生にお会いし、ロタンダ大砲博物館（展示館）の二門の大砲に関する数枚の写真、下関戦争関係のＩＬＮ（「絵入りロンドン新聞」）一八六四年一二月二四日付記事、さらに一八六二年のロンドン万国博覧会およびアームストロング砲関係の文献・資料等をいただいた。七月には松村先生が学会報告のために渡英されるので、その折に王立大砲博物館に案内していただくことになった。また、王立大砲博物館の研究員マシュー・バック（Matthew Buck）氏は、日本における大砲鋳造・運用の歴史とその鋳造法に大変関心があると聞き、長州藩における大砲の歴史と鋳造法について簡単な英文資料を作成し、ロンドンへ備えた。

二　ロンドン東郊のロタンダ大砲展示館

七月二二日関西国際空港を発ち、ロンドンへ向かった。この間、七月七日にはロンドンで爆破テロがあり、宿泊予定ホテルの近くのラッセル・スクエア駅でも爆破事件があった。七月二三日朝五時過ぎにヒースロー空港に着き、七時には大英博物館に近いラッセル・スクエア地区のホテルに荷物を預けて、近くのラッセル・スクエア駅へ向かった。途中の公園（ラッセル・スクエアガーデンズ）には多くの献花等が置かれ、また地下鉄駅周辺はビニールシートで覆われ、周辺は悲痛な雰囲気に包まれていた。この日と翌二四日はロンドン市内とドーバー海峡を巡った。

（一）ロンドン大学からロタンダへ

七月二五日の午前中にロンドン大学を訪れた。正門近くの建物の内庭に、一八六三年（文久三年）の下関での攘夷実行の日の翌日に長州藩から密かに英国（ロンドン大学）に派遣された五名（長州ファイブ）と翌一八六五年（慶応元年）に薩摩藩から派遣された留学生一九名の名前を記した記念碑が置かれていた。長州ファイブとは、伊藤俊輔（後の博文）、井上聞多（後の馨）、野村弥吉（井上勝、後に鉄道局長官、「鉄道の父」といわれる。）、遠藤謹助（後に造幣局長）、山尾庸三（後に工学頭、工学技術教育・聾唖教育の導入・普及に貢献）の五人である。伊藤と井上は、翌年に四か国連合艦隊との戦争回避のために急遽帰国したが、残る三人はそのまま英国に残って学問を続け、薩摩藩の留学生達とともに英国でさまざまの科学技術を学び、明治維新後日本の発展に大きく貢献した。遠藤謹助は、関西の風物詩となっている大阪造幣局の「桜の通り抜け」を始めた人でもある。[6]

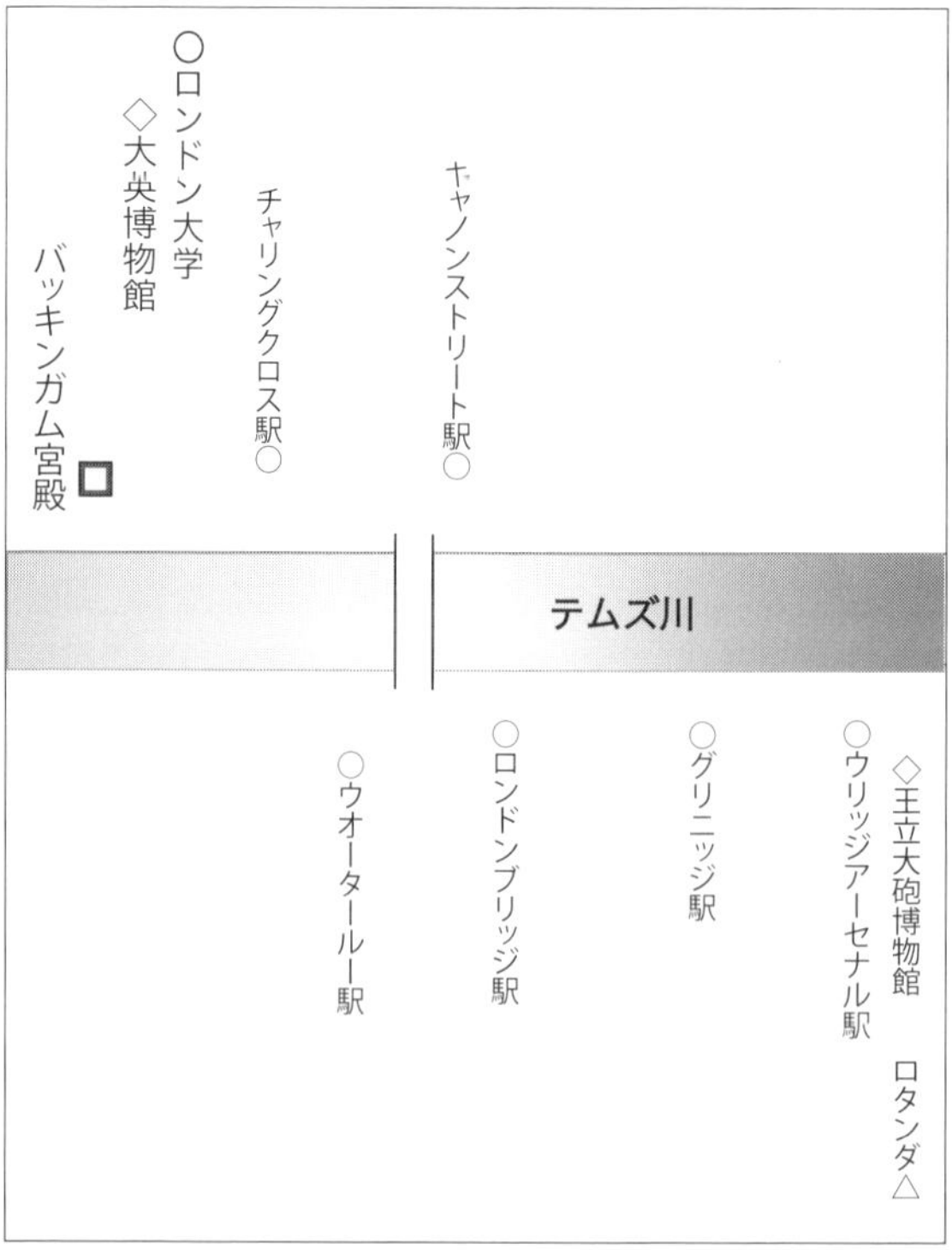

午後から、タクシーで王立大砲博物館のあるウリッジへ向かった。ウリッジはグリニッジのさらに東に位置する。ラッセル・

スクエアから金融の中心街シティを通り、ロンドン塔を横に見ながら橋を渡ってテムズ川南岸をさらに東に進みグリニッジを通過し、そこからさらに東へ向かってウリッジへ到着した。（右図参照、本来テムズ川は大きく湾曲しているが、単純化して示している。）

ウリッジは、幕末の遣欧使節団がイギリスからオランダへ向けて出港した所でもある。テムズ川はさらに東へ下れば、ドーバー海峡へ通じる。ウリッジには広大な敷地をもつ王立兵器工場があった。余談になるが、遣欧使節団はロンドン万博において展示されていたアームストロング砲のトロフィに衝撃を受け、この最新兵器に大変な興味を抱いた。このことから、彼等はこの王立兵器工場をまる一日費やして見学している。福澤諭吉は、『西航記』の五月一二日（陽暦六月九日）の記事に、この工場が近年アームストロング砲のみを

ロタンダ展示館入り口

展示館内部の２つの和式大砲

製造し、毎週三〇門を造り、それは三年前から続いていることを述べている[6]。

目的地には時間通りに着いた。ロタンダ展示館は、王立大砲博物館の広大な敷地のなかの小高い丘の上にあった。まさに先祖の大砲にとって「異国の丘」の風情である。

松村先生の写真で拝見していた円錐形の屋根と円筒型のホール（このことをロタンダという。）を持つ展示館には、ほぼ同時刻に、バック氏とヴィクトリア&アルバート博物館（Victoria & Albert Museum）のネイル・カールトン（Neil Carleton）氏も到着した。展示館の周辺には世界のさまざまの大砲が置かれていた。展示館に入ってすぐの所に、喜平治と富蔵の大砲が一列に並んで置かれていた。

富蔵信成の大砲と砲匡

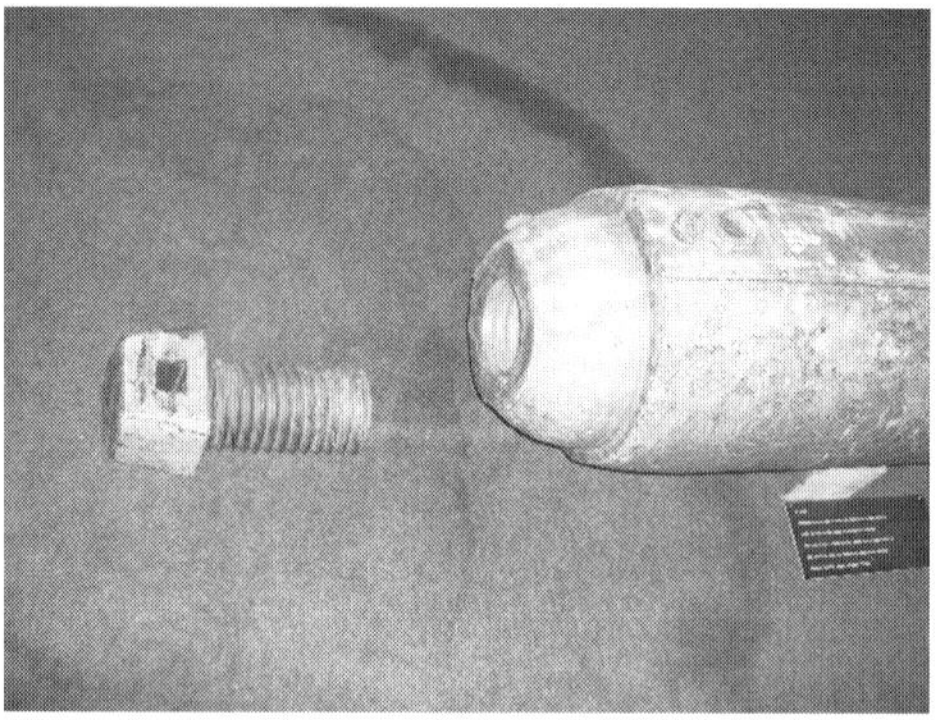

喜平治信安の大砲とネジ

（二）二つの和式大砲

喜平治の大砲は砲尾のネジがはずされたままの形で二本の枕木の上に置かれていた。このカノン砲の砲尾にネジを用いるのは、鉄砲（火縄銃）の大型版ともいうべきものであり、わが国独自の和式大砲（和流大砲）の特徴ということができる。

富蔵の大砲は砲架（砲匡）に載せられた形で床のうえに置かれていた。その木箱（砲匡）は長府博物館の喜平治の大砲と同様のものである。バック氏によれば、この砲匡は後に別途造り直したものであるが、鉄枠は当時のものをペンキ塗りしたものという。

①富蔵信成の大砲【分類番号二―二四八（No.2-248）】

砲架に乗せられた富蔵の大砲の横には、次のような英文の説明プレートが置かれていた。

> 「分類二―二四八　日本の青銅砲。鉄枠を取り付けた砲匡（sledge carriage）に搭載されている。口径三・四七インチ（約八・八一センチ）。この大砲は他の大砲とともに、一八六四年に下関海峡を防衛する日本の砲台から鹵獲したものである。」

その大砲の砲尾に近い補強箇所の上の後目当（砲尾の照準器）と火門（着火器）との間には、「壹（一）貫目玉」「試薬五百目」「地矢倉九歩」と、その補強板の横の砲身には、作成年（「天保一五年甲辰」）と作者名（富蔵信成作）が刻まれ、後目当の前の補強板の上には「子貳拾四番」（子二十四番）と刻まれていた。

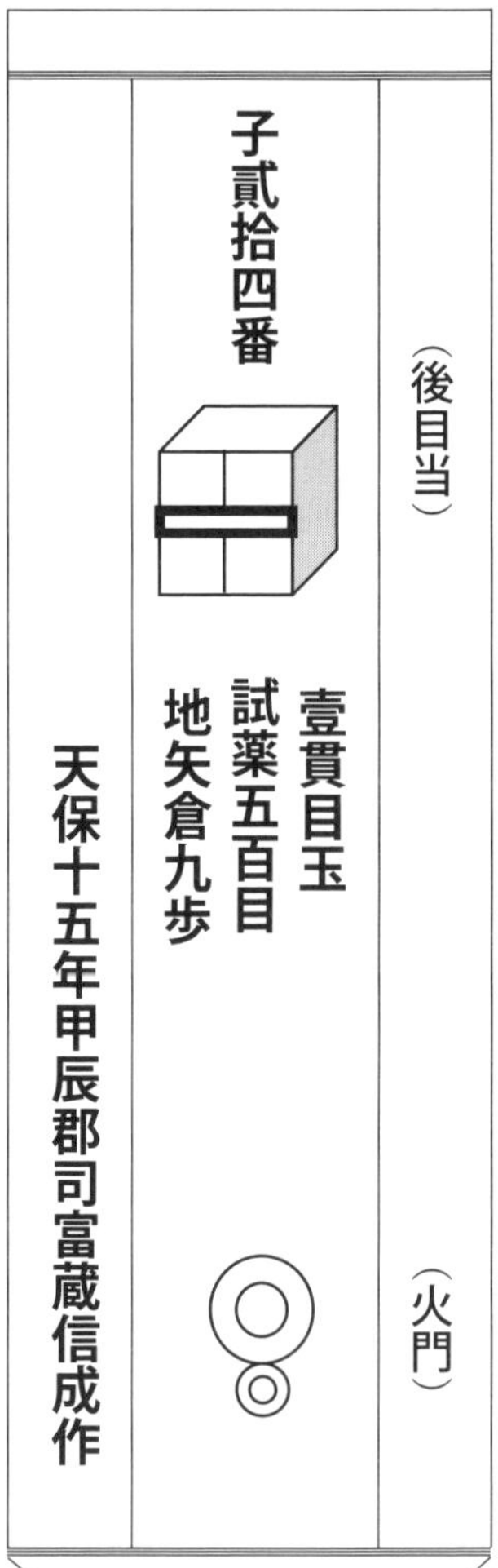

②喜平治信安の大砲【分類番号二―二四九（No.2-249)】

喜平治の大砲には、次のような英文の説明プレートが置かれていた。

「二―二四九　日本の青銅砲。それは補強箇所の上に字が刻まれ、砲身にも同様に龍が彫刻されている。その火門（着火器）は円形の枠の中にあり、補強板の上の十文字の切り込みを持つ四角いブロックは、照準の役割を果たす。口径三・四七インチ、砲長七三・二インチ（一八五・九センチ）である。」

喜平治の大砲の砲尾に近い補強箇所の上には、同様に作成年と作成者名（喜平治信安）、後目当の補強箇所には「子四番」が刻まれていた。

三　一貫目青銅砲（和式大砲）の特徴

（一）「一貫目玉」「試薬五百目」「地矢倉」「子＊番」

ところで、富蔵と喜平治の大砲の銘の中で「一貫目玉」、「試薬五百目」は、両者に共通し、「地矢倉」「子」の番号に関しては富蔵が「九歩」「子二十四番」、喜平治が「一寸一分」「子四番」と刻まれていた。これに対し、長府博物館に「荻野流一貫目青銅砲」として展示されている喜平治の大砲は、「一貫目玉」、「試薬五百目」、「七分」、「子九番」と刻まれている。また、これらの大砲にはいずれも雲竜の彫り物が施されている。それは荻野流青銅砲の特徴であるとされる。

① 「一貫目玉」「試薬五百目」

長府博物館に展示されている喜平治の天保一五年砲（「荻野流一貫目青銅砲」）について調査された中本静暁氏によれば、「一貫目玉」は一貫目（三・七五㌔㌘、約八ポンド）の実弾（鉛弾―直径八・五八㌢）を意味する。「試薬五百目」は、薬量（発射薬の質量）を意味し、一貫目の弾丸に対し約半分の重さの弾薬を必要とする。(7)

製作者	地矢倉	製作番号
富蔵	九歩（約二・七二七センチメートル）	子二十四番
喜平治	一寸一分（約三・三三三センチメートル）	子四番
喜平治（長府）	七分（約二・一二センチメートル）	子九番

② 「地矢倉」

「地矢倉」とは、元目当（照門―手元の照準）と先目当（照星―砲先の照準）との砲身の中心線からの距離の差を意味する。この差が大きいほど砲の先が細くなり、よりスマートな作りとなることを意味する。事実、喜平治のロンドンの大砲（子四番）は、長府博物館の大砲や富蔵の大砲と比べて砲先に行くほど細くなり、よりスマートな作りとなっている。

近くの標的に関しては、この差（つまり地矢倉）を利用して照準を定め、遠くの標的（遠射―町打ち）に関しては先目当と元目

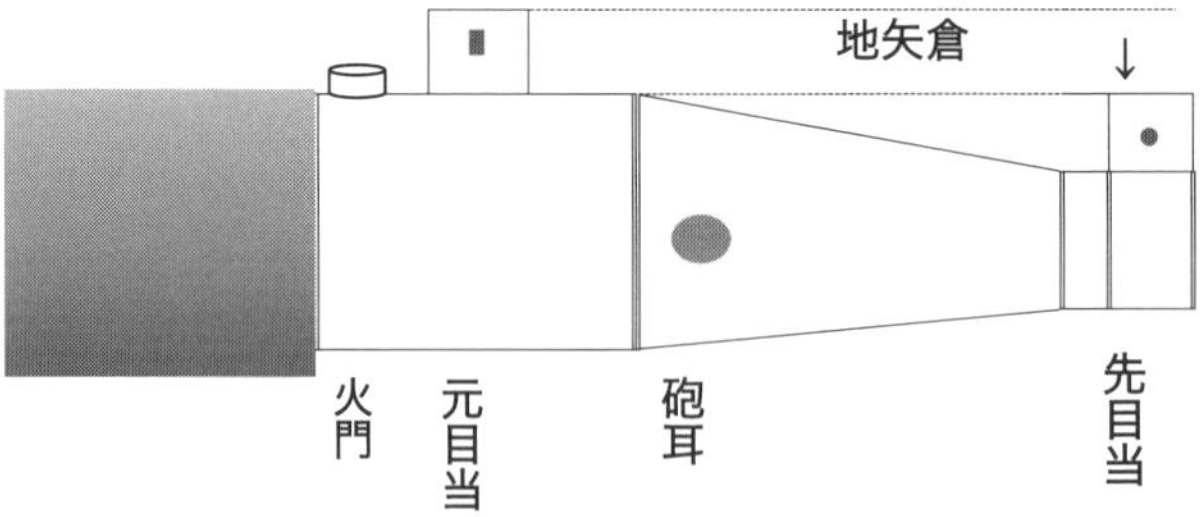

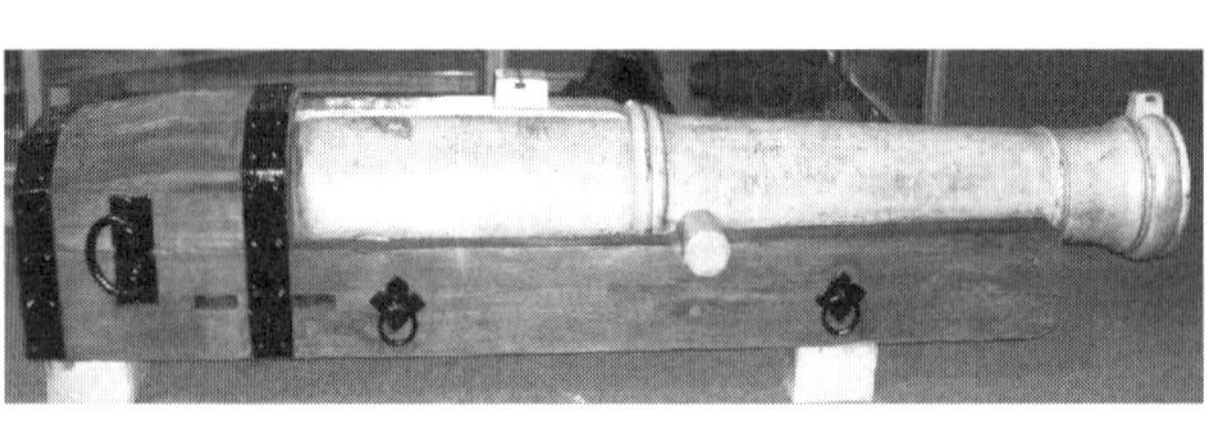

当との間に、矢倉定規（T定規）を用いて傾きを決めていたとされる。[8] ヴィクトリア&アルバート博物館のカールトン氏は元目当の深い切り込みに着目し、そこに何らかの照準器をあてて射撃をしていたのではないかと推測された。これは、和式鉄砲の各種矢倉から類推されたものであろう。[9]

③「子二十四番」「子四番」

それぞれの一貫目玉砲に刻まれている「子＊番」に関して、筆者は武器庫における大砲種類別の保管番号かもしれないという推測をした。[10] すなわち、喜平治の「子四番」は第四番目の一貫目玉青銅砲であり、また富蔵の「子二十四番」は第二十四番目の一貫目玉青銅砲ということになる。

筆者のこの意見に関して、中本静暁氏は、「子九番」について、子の年すなわちこの当時天保一一年（一八四〇）庚子の年の「一番」から数えて第九番目の製作砲ではないかという推測をされた。喜平治は天保一一年に「百目玉重目三〇貫目長筒、小筒、各一挺、長筒周発台用具一巻」という三種類の火器をはじめて鋳造している。とすると子四番は四番目の火器として解することができる。確かに喜平治はこの時期各種の大砲を鋳造している。しかし、「子」の付く大砲は一貫目玉青銅砲一種類のみである。また天保一一年の大砲は一〇〇目玉の小口径であり、他の一つは周発台用具であって必ずしも大砲とは位置づけられない。しかも、「子」番は喜平治の大砲だけでなく、富蔵の大砲も含まれており、喜平治の個人の作品番号とするには無理がある。喜平治はこの時期一貫目玉大砲を一六門造っている。富蔵の「子二四番」までの差はいったい何を意味するのであろうか。

それ以前の萩藩保有の大砲数に関する記録として、大組大筒打砲術師範の郡司源太左衛門信順による『御筒数』という「公儀御筒数」に関する報告書がある。そこにはこの当時の大砲の明細が報告されている。[11] その中には鉄製大砲（鉄張筒）もあるが、他方において「一貫目玉御筒三挺、但捻ニテ長二尺三寸撃臺金具共ニ、右寛政四子年椿ニテ壹挺松本ニテ二挺鋳調」とある。これは寛政四年（一七九二）子年に椿（青海）の鋳造所で一門、松本の鋳造所で二門、計三門一貫目玉御筒を鋳造した。ただし捻子《ねじ》で長さ二尺三寸（六九・六センチ）の枠台金具共鋳造したものであるというものである。ここで気付くのは寛政四年も子（壬子）の年であり、これ以前にも一貫目玉筒の記載はあるが、この三門のみ具体的に青海と松本の鋳造所名を記載し、とくに「子春」の「春」を訂正して「年」としている。この文書にはこれ以後に一貫目玉筒の記録はない。

また、郡司信順とその子源之允は萩藩隆安流の砲術宗家であるとともに荻野流も相伝されている。おそらくは彼らの関与のもとに三門が作られたのであろう。とすれば、この三門の内一門は青海鋳造所の当主で富蔵の父彌三郎信實と、松本の二門は当時の鋳造所当主の喜兵衛信定が鋳造したと思われる。

これより、もしこの「子」が一貫目玉筒の通し番号とすれば、『御筒数』の三門が「子一番」から「子三番」までを指し、喜平治は天保一五年頃に一貫目玉砲を一六門造っているので、「子四番」から「子二〇番」までがそれにあたると考えられる。そうなるとあとは少なくとも「子二四番」が富蔵であるから四門近くを青海の富蔵関係が鋳造したと思われる。

弘化四年（一八四七）には父彌三郎と富蔵とは共同して萩の萬壽寺の洪鐘を鋳造している。したがって、「子二四番」前後の一貫目玉筒に関しては、富蔵もしくは彌三郎と共同で鋳造した可能性があるとみられる。かくて、これら「子＊番」の大砲は両鋳造所でそれぞれ造って、藩の武器庫（武具方）に荻野流一貫目玉筒の通し番号をつけて納められたと考えて差し支えないと思われる。

（二）両鋳造所での大砲鋳造

ペリー来航の前から萩藩は和式銃陣を中心とする「神器陣」から西洋銃陣への転換を企図していた。そこで郡司覚之進（千左衛門）を中心に長崎等へ派遣し、とくに炸裂弾を発射するペキサンス砲の威力に着目し、これを導入することによって西洋銃陣への変革を目指そうとした。これには当然、荻野流砲術師範の守永弥右衛門等が猛反対し、和流の六貫目玉焙烙玉筒で十分効果があると主張した。藩は当時主流であった和流砲術の意見を無視する訳にもいかず、洋式大砲と和式大砲とをそれぞれ鋳造して、比較検討することとした。西洋式大砲のペキサンス砲は松本の鋳造所の右平次（喜平治）がこれを造り、この嘉永六年の年末には藩命により江戸葛飾砂村の藩別邸に派遣された。これに先立って松本の鋳造所は藩営となり、大組士の郡司武之助と右平次とが大砲鋳造用掛に任じられた。

この頃、守永弥右衛門達は青海の鋳造場にて荻野流六貫目焙烙玉大砲鋳造に取りかかっており、彼等もまた急ぎ江戸に上るよう指示された[12]。萩博物館の青海鋳造所に関する展示パネルには、「安政元年（一八五四）にはここでも青銅製大砲を鋳造していたと思われる。」とあるのは、このことであろう。

（三）鉄砲とネジ

もっとも驚いたのは、喜平治の大砲の砲尾が実際にネジになっており、しかもそれが取り外されて置かれていたことである。これは、アンヴァリッドの西洋式一八ポンド砲とはもっとも大きな違いであろう。一八ポンド砲は、他の西洋式大砲と同様、砲尾にはネジが使われていないし、さらには元目当も存在しない。

このようなネジは鉄砲伝来時において重要な意味を持っていた。つまり、ポルトガル人や倭寇によって種子島や日本近海に鉄砲が伝来したときに、ネジの自製に成功してはじめて、日本での鉄砲増産が可能になった。このネジは、銃の筒の底を塞ぐ役割を持つとともに、時折、底（砲尾）にたまった火薬の残滓（カス）を取り除く役割も持つとも考えられる。火薬のカスがたまると導火孔が目詰まりして連射したときに不発となったり、命中率が低下したり、さらには暴発の原因になる[13]。

鉄砲（種子島銃・火縄銃）が伝来した時、砲尾のネジの作り方を工夫し自製することにより、自国内での生産が可能となった。大砲もまた同時期に日本に持ち込まれた。これには仏郎機（フランキ）あるいは大砲の砲身（母砲）部が開けられ、これに弾丸を格納した子砲を装填する、いわばカセット型の大砲と、一つの長い筒に弾丸を込める加農砲（カノン砲）とがあった。後者は波羅漢《はらかん》とか石火矢《いしびや》とも称された[14]。仏郎機は江戸初期まで使用されたが、その後は一体型のカノン砲がおもに鋳造された[15]。種子島以来の鉄砲（マスケット銃、鳥銃）の拡大型に相当することとなる。ただし、大砲（大筒）の場合にネジが頻繁に開けられて、掃除がそのつどなされたかどうかは不明である。

いずれにせよ、バック氏によれば、このような大砲の構造と製造法は、アジアの他の国にも例がなく、日本独特のものであり、非常に興味深いといわれた。

バック氏のすすめで、喜平治砲の砲尾と砲口を平手で二、三回、叩いてみたが、非常に澄んだ音がした。あたかも鼓を打ったときのような音色で、非常に砲身の銅が練れている感じであった。大砲も梵鐘も「巣」といわれる空洞が少ないのが良いとされる。富蔵の大砲も、砲口を同じように叩いてみた。こちらも良い音がした。

四　ロタンダ展示場での意見交換

（一）幕末大砲鋳造絵巻

王立大砲博物館に最初に訪問した時、富蔵と喜平治の大砲について一通り見物した後、その横のショーケースをテーブル代わりにして、ミーティングに入った。

バック氏からあらかじめ要請のあった、日本（長州藩）の大砲の発達と大砲鋳造法に関して筆者なりに纏めた英文資料で説明した。わが国の青銅の鋳造技術は奈良の大仏鋳造や神社仏閣の洪鐘鋳造によって蓄積されてきた。種子島や倭寇によって伝えられた鉄砲や大砲が自国で製造され、織豊時代から関が原合戦や大坂の陣、島原の乱にまで使用され製造されてきた、その歴史にはかなり驚きのようであった。彼らにとっては、幕末の西洋式大砲よりもそれ以前の和式大砲の製造技術と装飾美の方に強く惹かれるようであった。

バック氏とカールトン氏からは江戸時代の大砲鋳造の絵巻物の複写を見せられた。これはカナダの王立オンタリオ博物館（Royal Ontario Museum）所蔵の絵巻物の複写であり、一部はカラー複写、残りは白黒複写であった。浮世絵を思わせる鮮やかな色使いには大変感心した。そして、この絵巻物について古文書の解読と英訳を依頼された[16]。

この絵巻は、幕府鉄炮師の胝《あかがり》定昌が嘉永四年（一八五一）から書き始め、嘉永六年（一八五三）一二月に書き終えたものである。嘉永六年といえば、ペリー提督の率いる黒船が到来した年である。同年の一二月には松本鋳造所の喜平治（右平次）が佐久間象山の指導を受けて西洋式砲の鋳造を指揮するために、江戸葛飾砂村（現江東区役所付近）の藩別邸に向かった頃である。他方、絵巻に見られる大砲にはネジが描かれており、和式（和流）大砲に関するものであり、高島秋帆・江川太郎左衛門英龍らの西洋流大砲に対立する和流砲術家（幕府鉄砲方）達のデモンストレーションとして行われたものと推測される。[17] 奇しくも、萩藩でも西洋式大砲（ペキサンス砲）と和流大砲との優劣をめぐって、西洋流の郡司千左衛門と荻野流守永弥右衛門との間で優劣論争があったのもこの頃である。[18]

ロタンダ展示館　二枚目右からカールトン氏・バック氏・松村先生・筆者

（二）ロタンダ周辺の大砲

ロタンダ展示館での議論においてバック氏とカールトン氏とは、洋式大砲よりも和式大砲に大きな関心を示された。その後、この建物の周辺を見て回った。先ほどの東南アジアの大砲だけでなく中国の大砲、さらにはヨーロッパの大砲等も含まれていた。また館の周辺には、巨大なカノン砲や臼砲、ベル（釣り鐘）型の珍しい大砲だけでなく近代兵器も置かれていた。なかには、縦に真二つに裁断された大砲（中国製）も置かれていた。その砲身の中空の状態を調べるためであろうか、彼らにとって、中子（心棒）を用いて中空のある砲身を作るか、後から穿孔するかは興味深いテーマのようである。

また、カールトン氏はヴィクトリア＆アルバート博物館が所蔵する和流大砲について整理中であった。その写真リストを見る限り、同博物館には一八門の日本（関東・関西）の中型ないし小型のカノン砲あるいは忽砲に相当するものが含まれていた。ウリッジの大砲博物館の本部近辺には東南アジアの大砲や小型の仏郎機・子母砲ともいうことができる旋回砲（スイベル砲 swivel gun）らしきものも収納されていた[19]。長州砲以外にも幕末の大砲が海を渡っていることがうかがえる。

五　アームストロング砲

ロタンダ展示館からさらに王立大砲博物館の本部に場所を移した。本部近くの建物にはアームストロング砲も展示されていた。アームストロング砲は、青銅製ではなく錬鉄製であり、砲身の内部に螺旋形の溝つまり施条（ライフル）が刻まれている。これにより砲弾が回転して発射され、大砲の飛距離と命中精度を高めている。しかも、砲尾から弾丸を込めるようになっている後装（元込め）式である。

アームストロング砲は、一八六二年のロンドン万国博覧会において日本の遣欧使節一行にとくに大きな衝撃を与えた。この使節団の中には福澤諭吉もいた。福澤諭吉は若いころ長崎で蘭学を学び、西洋砲術にも通

一二ポンドアームストロング野戦砲と後装式の砲尾

じていた。彼は、長崎時代に諸藩からの要請にこたえて大砲図面などの説明を行っていた。その後も福澤は築城書やライフル銃等の各種の翻訳を行い、西洋兵学にも通暁していた。使節団一行は、万国博覧会だけでなく、このウリッジの兵器工場も見物し、新式大砲等が大量生産されるのを見て、大いに驚きかつ嘆息した。[20]

同じ頃、高杉晋作は一二ポンドアームストロング野戦砲を上海で実際に見て、その威力に驚いている（文久二年、五月）。翌文久三年（一八六三）七月の薩英戦争では英国艦隊がアームストロング艦載砲を実戦に使用した。この大砲は、威力もあったが、この新兵器の操作不慣れにより破裂することも多く、この時における英艦隊の被害を増やす結果となった。[21] また、翌元治元年の下関における欧米連合艦隊との戦闘ではアームストロング砲は二門のみ使用された。

下関戦争後に、長州藩では第二次幕長戦争（長州征討、四境戦争）をひかえて、薩摩と同盟が結ばれた。そして、撫育《ぶいく》制度という特別会計制度を通じて蓄えた資金を用いて、大量の洋式兵器を購入した[22]。下関戦争の後も、小郡の福田や萩の沖原で、郡司千左衛門や徳之丞等を中心に引き続き大砲が造られたものの、量的に十分でなく、各種兵器が調達された。その中にはアームストロング砲（一二ポンド砲）も含まれていた。このことは幕長戦争とくに小倉戦争（一八六六年八月）当時の下関砲台の記録に残っている[23]。司馬遼太郎氏の小説『アームストロング砲』では、江戸の上野戦争（一八六八年）において、官軍総参謀の大村益次郎（村田蔵六）が政略的意味から佐賀藩に要請した砲撃は、英国製アームストロング砲によるものであるとされる。他方、この時、かつて大村と同様適塾の塾長を努めた福沢諭吉は英書（ウェイランド経済書『政治経済学原理』、Francis Wayland, The Elements of Political Economy, 1866）で経済の講義をしていた。大村と福澤とはまったく対照的な人生をたどっている[24]。

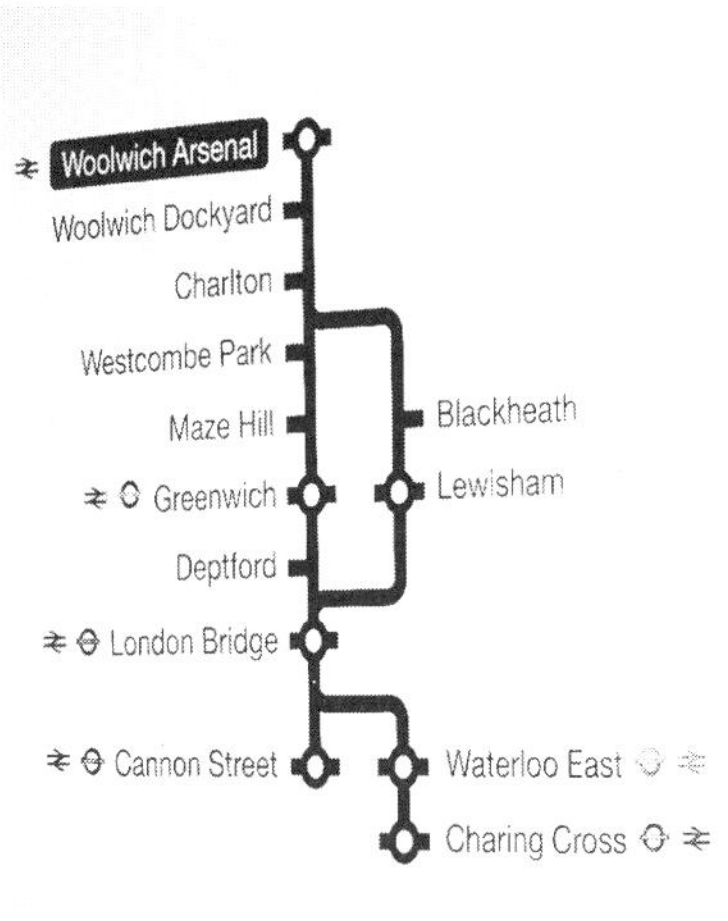

ウリッジアーセナル〜キャノンストリート間の路線図

先の攘夷戦争を境にして、実質的には、長州藩はじめ各藩の巨砲鋳造は終わりを迎えた。明治初期までは各藩の鋳造所でも銃砲は作られていたが、新政府の主要兵器廠（兵器工場）へ次第に整理統合されていった。しかも、明治以降とくにイギリスのアームストロング砲やドイツのクルップ砲等がわが国の海軍や陸軍において積極的に導入されていった。

五時前には、後ろ髪を引かれる思いでそこを辞去し、ウリッジアーセナル（Woolwich Arsenal）駅からキャノンストリート（Cannon Street）駅行きの電車に乗り、帰途についた。ウリッジアーセナルとは、「ウリッジの兵器工場」という意味である。また、同名のサッカーチームがあるが、これもかつて兵器工場従業員の作ったチームが起源となったものである。

また、キャノンストリートとは文字通り「大砲通り」という名前であるから凄まじい。福澤や遣欧使節の一行はこの通りを幾度か往復したであろう。ついでながら、キャノンストリートには、現在、会計基準の国際的統一を目指す国際会計基準審議会（ＩＡＳＢ）の本部が置かれている（Cannon Street 30）。ここはいわば、わが国にとって幕末・明治維新および第二次世界大戦につぐ第三の開国ともいわれる、金融・会計ビッグバン（大改革）の名目のもとにアングロサクソン型（英米型）金融・会計基準のグローバル化を推進する本拠地である。他方、福澤諭吉はわが国に西洋式簿記をいち早く翻訳（『帳合之法』）し、紹介した。これもまた歴史の不思議な因縁のように想われる。

【第四章注記】

（1）清永唯夫『攘夷戦長州砲始末―大砲パリから帰る―』東秀出版、一九八四年、一二―三六頁。古川薫『わが長州砲流離譚』毎日新聞社、二〇〇六年、一五―二五頁。この大砲は現在下関市立歴史博物館に移管されている。

（2）山本勉彌・河野通毅『防長ニ於ケル郡司一族ノ業績』藤川書店、一九三五年、八九―九一頁。

（3）郡司源太左衛門信順『御筒数』毛利家文庫（類一五文　武、二八番）六―七丁。毛利家文庫「嘉永五年四月豊前中津より守永彌右衛門江大砲製作之儀御内頼有之候趣申出仕調之儀聞届相成候事」（毛利家文庫・諸省）。拙著『幕末の長州藩―西洋兵学と近代化―』鳥影社、二〇一九年、六〇頁。

（4）古川薫「土の中から維新を紐解く」『新・史都萩』創刊号、二〇〇一年。
（5）宮地ゆう『密航留学生「長州ファイブ」を追って』萩ものがたり、二〇〇五年。
（6）福澤諭吉『福沢諭吉選集　第一巻』（富田正文編者代表）岩波書店、一九八〇年、三九―四〇頁。松村昌家「アームストロング砲と幕末日本―下関海峡における長州砲とアームストロング砲のエンカウンター―」郡司健編著『国際シンポジウム論文集　海を渡った長州砲～長州ファイブも学んだロンドンからの便り～』二〇〇七年、八頁。宮永孝『幕末遣欧使節団』講談社学術文庫、二〇〇六年、一三三―一三五頁。
（7）中本静暁「郡司喜平治作『荻野流壹貫目青銅砲』の要目について」幕末長州科学技術史研究会『長州の科学技術～近代化への軌跡～』第二号、二〇〇四年、四九―五一頁。
（8）中本前掲論文、四九頁参照
（9）宇田川武久『鉄炮伝来―兵器が語る近世の誕生―〔第三版〕』中公新書、一九九五年（初版一九九〇年）、一五〇、一五二頁。
（10）中本静暁氏は、「子九番」が「子」の年すなわちこの当時天保一一年（一八四〇）庚子の年の「一番」から数えて第九番目の製作砲と推測されている。中本静暁「下関戦争で連合艦隊に接収された荻野流一貫目青銅砲について」『伝統技術研究』第一二号、二〇一九年、一九頁。東郷隆『銃士伝』講談社文庫、二〇〇七年、一一頁。
（11）郡司信順前掲（『御筒数』）。拙稿「萩藩における鉄製大砲の鋳造―花岡の大砲・『御筒数』・『鑛鐵大砲鋳造之法』」『伝統技術研究』第一四号、二〇二一年、一四―一六頁。
（12）「諸記録綴込」三二部寄二　三一の六　毛利家文庫（安政元年（一八五四）二月）。拙著前掲、六〇頁、七四―七九頁。
（13）拙稿「わが国大砲技術の生成・発展―江戸初期までの大砲技術の発展―」『大阪学院大学通信』第四〇巻一〇

号、二〇一〇年、八一—一〇頁。洞富雄『鉄砲—伝来とその影響—』思文閣出版、一九九一年、第三章。宇田川武久『鉄炮伝来—兵器が語る近世の誕生—［第三版］』中公新書、一九九五年（初版一九九〇年）、二—五頁。泉秀樹「近代化の一粒の種子—種子島時堯と八板金兵衛—」『レター』第三八巻、二〇〇四年、一九頁。石原結實『種子が島の鉄砲とザビエル—日本史を塗り変えた〝二つの衝撃〟』ＰＨＰ文庫、二〇〇五年、六二—六四頁。

（14）宇田川武久『鉄砲と戦国合戦』吉川弘文館、二〇〇二年、二〇—二九頁。鈴木一義「幕末長州藩の大砲鋳造技術—在来技術から近代技術へ—」萩博物館『幕末長州藩の科学技術—大砲づくりに挑んだ男たち—』二〇〇六年、六二頁。

（15）仏郎機と石火矢との区別は相対的なものであり、両者をあわせて仏郎機あるいは石火矢（または波羅漢）と総称する場合もある。拙稿「大炮と攻城戦」『東京大学史料編纂所研究報告二〇一九—一「変動期の政治社会と海洋知」』（二〇一七—二〇一九年度科学研究費補助金制度基盤研究（Ｃ））二〇二〇年、六四—七七頁。

（16）その詳細に関しては次の拙稿参照。拙稿「江戸の大砲つくり考—眡大砲鋳造絵巻と和流大砲鋳造法—」『大阪学院大学通信』第三八巻三号、二〇〇八年。拙稿「和式大砲の鋳造法—江戸のものつくり・伝統技術考—」『大阪学院大学通信』第三九巻五号、二〇〇八年。拙稿「和式大砲鋳造法について—和流大砲鋳造法の西洋式大砲鋳造法への転用—」『伝統技術研究』創刊号、二〇〇九年。

（17）拙稿前掲（「江戸の大砲つくり考……」）四八頁。前掲拙稿（「和式大砲の鋳造法……」）一四頁。

（18）拙著前掲、五九—六〇頁。

（19）Information compiled by Neil Carleton, 1027-1871 An important collection of Japanese Cannon at the V&A, 03/03/2006.pp.1-4. カールトン氏の示された補助資料の中には「安政二年一〇月富岡佐平治・佐太郎吉則作」銘（カノン砲）や、「掛川臣　東平政胤」の記載、「高田家銃工中澤利助、鋳工吉田丹助、中嶋安五郎」銘（忽砲）

などがあった。また、三星の下に一文字の家紋の大砲が二門あり毛利家の大砲という説明がなされていた。しかし、三星下一文字の紋は渡辺紋と呼ばれるものであり、これは渡辺流のカノン砲である旨、後に彼に連絡した。

(20) 福澤諭吉『西航記』五月一二日、福沢（福澤）諭吉『福沢諭吉選集　第一巻（西航記・西洋事情ほか）』（富田正文編者代表）岩波書店、一九八〇年、三九―四〇頁。松村昌家『幕末維新使節団のイギリス往還記―ヴィクトリアン・インパクト』柏書房、二〇〇八年、六七―七七頁。福澤諭吉『新訂福翁自伝』（富田正文校訂）岩波書店、一九七八年、三〇―四〇頁。拙稿「長崎歴史散歩」『大阪学院大学通信』第四一巻八号、二〇一〇年、二一一頁、二八―二九頁。

(21) Daniel, A., Murder, Misunderstandings, and Might, Mid-Nineteenth Century Confrontation between Britain and Satsuma,『鹿児島純心女子短期大学研究紀要』第三四号、二〇〇四年、一四八頁、坂田精一訳『一外交官の見た明治維新（上）』岩波文庫、一九六〇年、一〇八―一〇九頁。

(22) 拙著前掲、第七章。

(23) その記録によればアームストロング砲は弟子待下砲台一門および壇ノ浦砲台二門配備されている。日本史籍協会編『復刻　奇兵隊日記　第二』睦書房、一九六七年、六二七―六二九頁。各砲台別の砲種に関しては、拙稿「元治・慶応期長州藩の近代化努力―内訌・幕長戦争と近代化努力―」『伝統技術研究』第一一号、二〇一八年、五六頁参照。拙著前掲、二三四頁、二五八頁。

(24) 福澤前掲書（『新訂福翁自伝』）、二〇二―二〇三頁、三三九頁。拙著前掲、一六〇頁。

第五章　ロンドン・パリ再々訪と「ドラゴン——東洋の大砲——」展

はじめに

二〇〇五年の一〇月末には、幕末長州科学技術史研究会（「幕長研」と略称）幹事の藤田洪太郎氏・森本文規氏とロンドンで合流して、再度、王立大砲博物館を訪れた。それは、二〇〇六年の四月に萩市で国際シンポジウムを開くため、是非バック氏あるいは同博物館の代表者を招請するためであった。その際に、胝定昌の「大砲絵巻」の現代文への解読とその英文訳をバック氏に渡し、約束を果たすことができた。

二〇〇六年四月八日には、萩博物館と「幕長研」との共催により国際シンポジウム「海を渡った長州砲」が松村昌家先生、リバプール国立博物館学芸員に移籍したバック氏、王立大砲博物館学芸員・理事のマークスミス（Mark Smith）氏、筆者の四名をパネリストとして開催された。

その国際シンポジウムにおいて、スミス氏は、日本やアジア各国の大砲が現在『ドラゴン――東洋の大砲――』（"Dragons: Artillery of the East"）展において展示されていることを紹介された。この展示は二〇〇六年三月から半年開催される予定という。そこでこの展示を見るために、その後三度目のロンドン訪問をおこなった。

一　ロンドン再訪と長州砲里帰り運動

かつて、パリの長州砲をめぐっては、下関市が返還運動を展開した結果、喜平治作の荻野流一貫目青銅砲が長府藩主の甲冑と長期相互貸与の形で長府博物館に戻ってきた。その後、ロンドンの喜平治の大砲をめぐって、萩市が返還運動を展開したが、そのときは残念ながら見送りとなった。

今回の訪問により、ロンドンに二門の長州砲が現存することがあらためて確認された。しかも、この訪問に先立って、松村先生が王立大砲博物館を訪問された折に、バック氏からすでに「大砲の返還もしくは貸与」が可能であることを聞いておられた。そして、最初の訪問の際に、筆者はその可能性をバック氏に確認した。

この大砲の「返還・貸与」の話は、帰国後すぐに「幕長研」幹事の、藤田洪太郎氏と森本文規氏（当時防長新聞北浦支局長）に伝えた。当時の野村興兒市長のもと藤田・森本両幹事はじめ「幕長研」の有志メンバーを中心にいろいろ計画が練られていった。そこでの方針は、民間交流を中心に、相互に信頼関係を築いて交渉していくことで新たな局面を作り出し、全面返還ではなくても、相互貸与あるいは長期賃貸ないし一時貸与（里帰り）でも良いから実現に向けて活動しようということであった。

そこで、まずバック氏を萩に招待し、講演会やシンポジウムを開くとともに、松本の郡司鋳造所・反射炉・萩博物館等を視察してもらい、市民の大砲交渉に関する熱意を見てもらうことになった。そして、翌年の四月上旬には来日されるよう、萩市からの招請状を藤田・森本両氏が持参することになった。

（一）ロンドン再訪

二〇〇五年十月末に、ドイツ・シュベリンの国際経営会議出張の途中、藤田・森本両氏と合流して、再度、王立大砲博物館を訪問した[1]。今回は、山口日英協会の池本和人会長（萩市医師会会長）が外務省に積極的に働きかけられ、在英日本大使館にも協力いただけることとなった。

日本大使館は、ロンドンの人気エリアであるピカデリー・サーカス周辺の比較的閑静な場所にあった。午前中に大使館を訪問し、いろいろ打ち合わせし、その後、大使館の方も同行され、王立大砲博物館へ向かった。博物館では統轄官のアイリーン・ヌーン（Eileen Noon—写真中央左）氏が出迎えられた。藤田・森本両氏はバック氏に萩への招請状を手渡された。

王立大砲博物館本部にて

拓本をとる藤田・森本両氏

このようにして、いよいよ王立大砲博物館と萩市民との民間交流が本格的にスタートした。バック氏がリヴァプール国立博物館へ転出することになり、急きょ、招待者を王立大砲博物館理事マーク・スミス氏に変更されることになったが、萩市側の厚意によりバック氏も来日することとなった。

（二）萩での国際シンポジウムの開催

二〇〇六年四月八日には、萩博物館で国際シンポジウム『海を渡った長州砲〜長州ファイブも学んだロンドンからの便り〜』が開催された。その報告テーマとパネリストとは次のとおり（敬称略）。

「オランダ・パリ・ロンドンの長州砲——海を渡った大砲——」（郡司　健）

「日本・東アジア・西洋の大砲鋳造技術入門」（マシュー・バック）

「ウリッジと下関における長州砲、そしてロタンダへ」（松村昌家）

「王立大砲博物館の歴史と一七八三〜二〇〇六のコレクション」（マーク・スミス）

日英共同シンポジウムということもあり、県内だけでなく。広島・福岡や大阪からも多くの聴衆が参加され、熱気のこもった討論会となった[2]。

その後も野村市長・池本会長が、幾度か外務省へ足を運ばれ、外務省、日英両大使館、日英協会の協力のもと里帰りへ向けて一層実現に近づいていった。

また、地元の萩でも、「長州砲・萩里帰り事業実行委員会」（会長・野村市長）を立ち上げ、その里帰り資金について、「ワンコイントラスト委員会」から格別の配慮を受け、民間の支援を受けて里帰りが具体化することになった。

二　ロンドン・パリ再々訪

その一方で、一一月にスミス氏から、「ドラゴン——東洋の大砲——」展（以下、ドラゴン展）は極めて好評で毎週後半の木曜日から日曜日のみ展示にもかかわらず訪問者が二万人を超えたため、半年間延長し、二〇〇七年三月まで展示されることを知った。是非、ドラゴン展における富蔵と喜平治の大砲を拝見し、あわせてパリの大砲にも会いたくなった。今回は妻と娘と三人で出かけることとした。

二〇〇六年一二月一七日に萩市で古川薫氏の講演会「『わが長州砲流離譚』を書き終えて」が開かれた。古川氏の著書『わが長州砲流離譚』は、二〇〇六年の八月に刊行された。同書は、下関戦争の結果英仏蘭米四か国に鹵獲された長州砲の探求に三四年を費やされた、古川氏の永年の追跡記録の集大成である。

同書には、英仏蘭米四か国に今なお残存する長州砲を発見するまでの経緯、喜平治作の荻野流青銅砲が長府博物館に相互貸与の形で里帰りするまでの顛末などが詳しく書かれている。しかも、ロンドンの長州砲として松本の喜平治の大砲とともに青海の富蔵の大砲についても詳述されている。異国の地にあって、富蔵の大砲もその存在がようやく認められるようになったのである。

講演会当日古川氏とお会いしたときに、ロンドン訪問時に王立大砲博物館に献呈するよう御高著を二冊託された。また、同書（一〇七頁）の写真に写っている、古川氏が訪問時に会われた二人の職員の消息も尋ねるよう依頼を受けた。

二〇〇七年一月二日関空から一路ロンドンへ向かった。三日はロンドンに泊まり、四日の朝ウォータールー（Waterloo）駅からユーロスターに乗り、ドーバー海峡の地下トンネルをくぐって約三時間でパリ北駅（Gare du Nord）へ着いた。そこからさらに地下鉄でアンヴァリッドへ向かった。

アンヴァリッドでは、二年半ぶりに一八ポンドカノン砲と再会した。アンヴァリッドの大砲の砲口には蓋がしてあった。これは冬の間雪が入らないようにするための保護蓋かもしれない。すこし、大事にされているような印象を受けた。

アンヴァリッドと前庭の
一八ポンド砲等

ユーロスター

翌日午前中に、ユーロスターでウォータールー駅に戻り、地下鉄チャリング・クロス（Charing Cross）駅から英国鉄道に乗り換え、ウリッジ・アーセナルへ向かった。

アーセナル（arsenal）は、前述のように、兵器廠・兵器工場・兵器庫という意味である。王立大砲博物館のある敷地はかつてのウリッジ兵器工場の跡であり、遣欧使節団が訪問したのはまさにこのウリッジ・アーセナルであった。

三　ファイア・パワー「ドラゴン――東洋の大砲――」展

（一）古川薫氏『わが長州砲流離譚』の献呈

二つの長州砲は、萩シンポジウム直前の二〇〇六年三月以降、ロタンダ展示館の丘の上からウリッジ・アーセナル駅前の王立大砲博物館「ファイア・パワー（Firepower）」本部前の東棟ギャラリーに移されていた。それは同博物館の企画展（「ドラゴン――東洋の大砲――」）に展示されていたからである。この展示は前述のように大変好評のためにさらに半年間延期されていた。

同博物館は「ファイア・パワー」という呼称を強調するようになっていた。その本部はウリッジ・アーセナル駅前の広大な敷地のなかにある。そこを訪れ、博物館のポール・エバンス（Paul Evans）氏と会い、古川薫氏の著書『わが長州砲流離譚』二冊を同博物館に献呈した。また、古川氏から依頼された、訪問時の職員の一人の方の名前は学芸員であったのですぐに判明したが、もう一人の方は不明であった。

（二）「ドラゴン――東洋の大砲――」展

その後向かいの展示場へ向かった。この展示場では、「ドラゴン――東洋の大砲――」展とともに、「現代重火器（第二次大戦～現代）」展も開催されていた。

ドラゴン展では、ヴィクトリア朝時代にアジア各国からの戦利品として没収した大砲を中心に展示されていた。インドの大砲（象のデザイン付き）、タイの大砲（虎の砲耳）、中国の大砲（竜の装飾）、旋回砲（小型の子母砲）、臼砲、その先のショーケースの中に日本刀が展示され、その奥に「日本の大砲（Gun of Japan）」のパネルとともに、富蔵と喜平治の大砲が並んで展示されていた。

「日本の大砲」パネル

ファイア・パワー本部と向かいの
展示館入口

日本の大砲コーナーと
二つの長州砲

ドラゴン展の青銅砲とパネル

（三）日本展示コーナーの展示パネルと江戸大砲絵巻

このように展示会場では、他の東洋の大砲のなかでも特別に日本の大砲コーナーが設けられ、富蔵と喜平治の大砲がならんで展示されていた。「日本の大砲」コーナーのパネルには、最初の訪問時に古文の解読と英訳を依頼された「胝氏絵巻」（カナダオンタリオ博物館所蔵）のなかの四枚の絵が使用されていた。

筆者に託された絵巻の複写は、草書体の説明文が一五枚、絵図と説明文が半々のものが一七枚、絵図のみのものが七〇枚の計一〇二枚からなる。絵図の主要なものはカラー複写されていた(3)。

この絵巻は、幕府鉄砲師の胝定昌が嘉永四年（一八五一）から書き始め、嘉永六年（一八五三）一二月に書き終えたものである。定昌は、この大砲鋳造の功績により幕府鉄砲師棟梁となる。彼は江戸琳派の絵師池田狐村や国学者山崎武陵（知雄）とも親しく交わり、絵心もあり文体も秀逸である(4)。

（四）序文・大砲鋳込・仕上げ

この絵巻の本文は、嘉永三年（一八五〇）に、江戸の麻生三軒家（九百坪）と早稲田町宗谷寺境内（七三五坪）を鋳造場に指定して、一一月一八日に新規大砲作成の命令が発せられ、次のような合計三四挺の大砲（御鉄炮）を造ることになり、胝定昌もお呼び出しがあった、ということからはじまる。

荻野流――一貫目玉八挺・二貫目玉二挺、
武衛流――一貫目玉六挺・二貫目玉二挺・三貫目玉一挺・五貫目玉一挺、
中嶋流――一貫目玉六挺・二貫目玉二挺・三貫目玉一挺・五貫目玉一挺、
（渡辺）文四郎流――一貫目玉四挺

大砲の鋳造にあたっては、長方形の上下二つの枡型の箱（「形枡」）に粘土を敷いて大砲の鋳型をつくり、その中心に大砲を中空にするため心棒（真鉄・中子とも呼ばれる）を通し、これを固定するために「蜻蛉（トンボ）銅」あるいは「中子押さえ」と呼ばれるリング（鉄輪）を三箇所に固定する方法がとられる。そして、この形枡の箱の上下を摺り合わせてしっかり結び付け、端を粘土で固めて立てかける。そして、そのうえからコシキ炉（溶解炉、たたら）で溶解した銅合金をその形枡の受け口（大砲鋳型の巣口）へ流し込む。また、これと併行して砲尾のネジや砲弾の鋳型へも溶解した合金が使用される。その蹈鞴《たたら》を番子が交代しながらコシキ炉に風を吹き込み、火を絶やさずに銅合金を溶解していく様が活写されている。

もちろんこの作業に先だって、火入れ式ともいうべき儀式が神式で厳かになされる。さらに、鋳込み（溶解銅合金の流し入れ）が終わったら、形枡の鋳型から大砲（御筒）を取り出し、大砲に付着した鋳型の滓を取り除き竹橋御蔵地の番所へ納める。

御筒仕上げ場では、余分の銅を削り落とし、心棒を抜き取り、ネジ型を削って形を整える。大砲の砲身をさらに研磨し、ネジを錐入れ（ネジ入れ）し、さらに磨き上げ、照準器（先目当・後目当）着火器（火門・火蓋）等の部品を取り付ける。このような作業についてパネルの四枚の絵図が特徴的に示している。

嘉永六年といえば、ペリー提督の率いる黒船が到来した年である。同年の一二月には喜平治（右平次）が佐久間象山の指導になる西洋式砲の鋳造を指揮するために、萩から江戸葛飾砂村の長州藩別邸へ向かった。その時の大砲の一つがパリの一八ポンド砲である。

しかし、この絵巻に見られる大砲は、西洋式大砲ではなく、ネジが用いられており、和式（和流）大砲であることが解る。このように江戸の和式大砲の鋳造は半分ずつの長方形の形枡（半割形枡）をしっかり結び合わせて鋳型を造り、これを鋳造場に据えて周囲を土や砂で固定しその注ぎ口から鎔解銅を流し込んで鋳造する方法がとられた。この方法は、半割形枡鋳型方式あるいは半割鋳型方式とでも呼ぶことができるであろう。

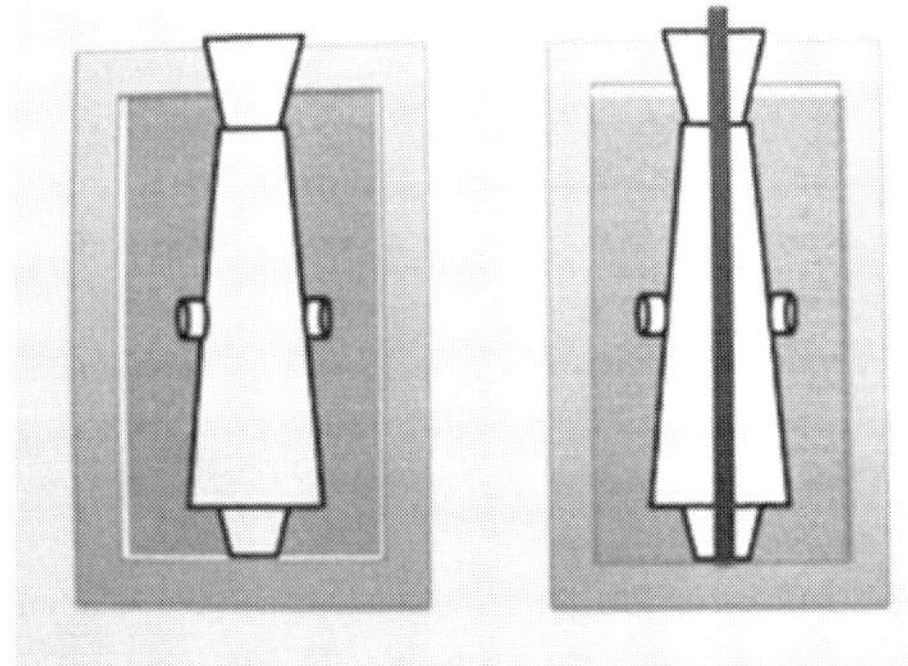
半割形枡イメージ図

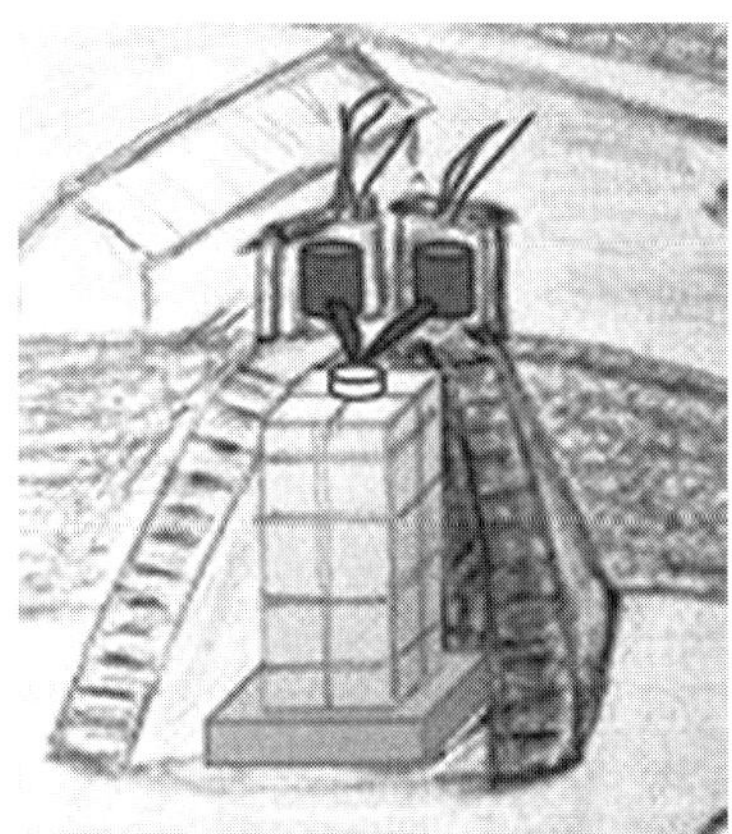

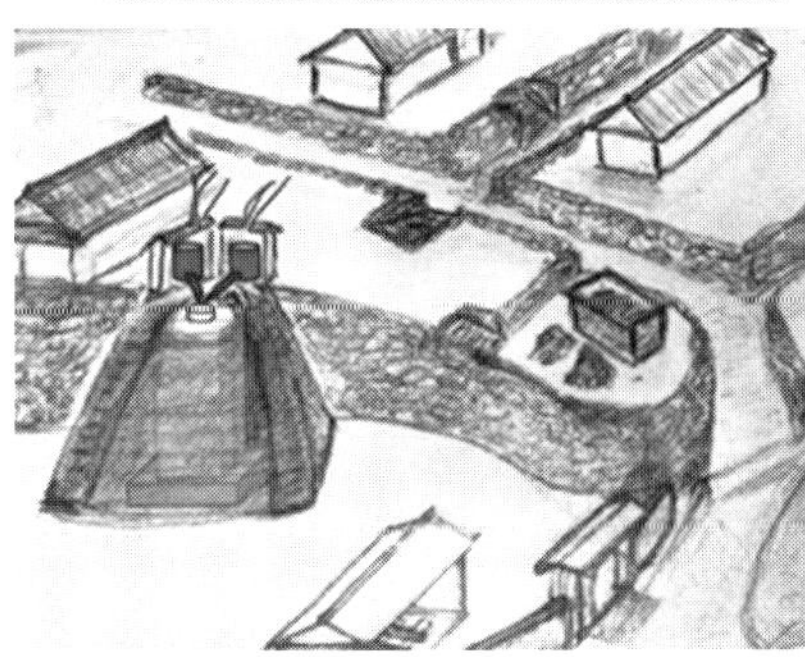
形枡をしっかり結び合わせて鋳造する

（五）長州砲の説明文

二つの鋳造所の当主の大砲が並んで展示されていることには、微笑ましささえ感じられた。今回、それぞれの大砲について次のような説明書が添えてあった。(5)

「大砲二—二四八
日本の青銅砲　八・二五ポンドカノン砲
郡司富蔵信成作　一八四四年

砲弾：一貫目（三・七五キログラム）
弾薬：五〇〇目（一・八七五キログラム）
復元した木製砲架に搭載。一八六四年に下関海峡を防衛する日本の砲台から英仏連合艦隊によって鹵獲された。雲竜紋が彫られている。」

「大砲二―二四九
日本の青銅砲　八・二五ポンドカノン砲
郡司喜平治信安作　一八四四年
砲弾：一貫目（三・七五キログラム）
弾薬：五〇〇目（一・八七五キログラム）
一八六四年に二―二四八とともに鹵獲された。郡司家は一七世紀から周防・長門の有名な鋳物師であった。
雲竜紋が彫られている。」

最初に訪れたときは分類プレートに記載されていなかった作者名が、はじめて明記された。これでもはや名も無き日本の大砲ではなくなった。これもバック氏やカールトン氏のお蔭である。

なお、このような萩の鋳造所での大砲鋳造は、江戸のような半割形枡方式ではなく、円筒鋳型を用いて鋳造する、円筒鋳型方式とでも呼ぶべき方法が採用されてきた。これは梵鐘や大仏などの鋳造法と同様の方法であり、石州（石見国）等でも採用されていた(6)。

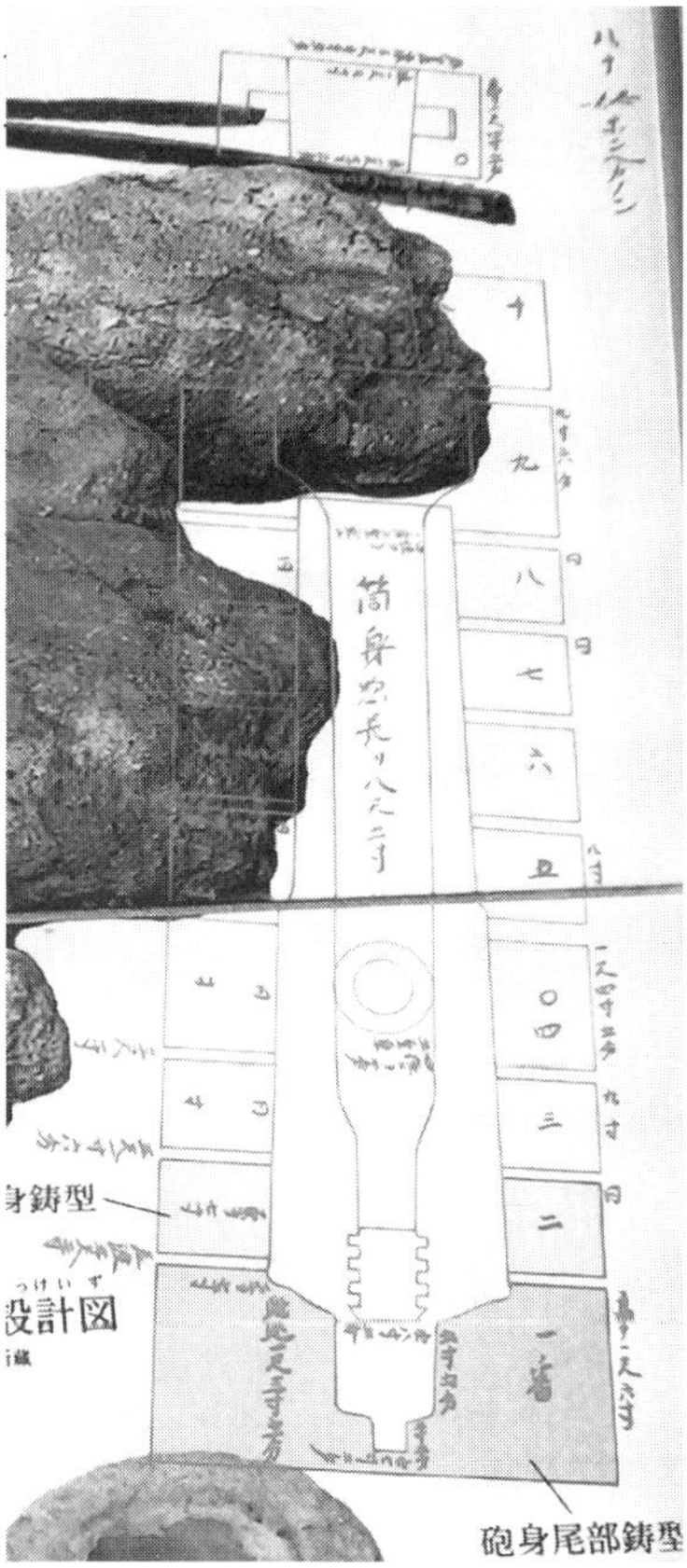

大砲鋳造設計図
同遺構広場展示

円筒鋳型
萩市郡司鋳造所遺構広場

大砲鋳造図
山口埋蔵文化センター提供、同広場展示

さらにアジアの大砲の手前には、王立砲兵連隊のヴィクトリア・クロス収蔵品としてクルップ社製の野戦砲やフランスのナポレオンⅢ世からヴィクトリア女王に贈られた一二ポンドナポレオン野戦砲（真鍮製）等も展示されていた。鉄道業から出発したクルップ社の大砲は、当然、鋼鉄性の大砲であり、レールや蒸気機関車と同様の鋼鉄製品独特の光沢と肌合いを有している。デン・ヘルダーの下関砲はクルップ社製かもしれないと推測されたが、明らかに青銅製であり、その点において、やはりクルップ社製とすることには無理があるように思われた。

王立砲兵連隊ヴィクトリア・クロス収蔵品パネル

クルップ砲

仏皇帝寄贈一二ポンド野戦砲

ドラゴン展を一巡した後、エバンス氏から同じフロアの左手にある現代重火器展示場（冷戦展示場—The

Cold War Gallery）も案内してもらった。そこには第二次世界大戦後からイラク戦争（一九四五～二〇〇四年）までの間の代表的な重火器が展示されていた。ソビエト製の戦車、ＮＡＴＯ各国の協力によってできた重戦車―各国の不協和により性能は著しく悪かったそうである―、さらには対核用シェルター付きの兵器など、とてもその威力の前には恐怖せざるを得ないような兵器が展示されていた。これに比べたら、ドラゴン展の諸大砲などはまだ人間味を感じさせるに十分である。それでもかつては殺生の道具であったわけである。あらためて平和の大切さに思いを致さざるを得ないくらいに、この両展示の対比はわれわれの前に圧倒して迫るものがあった。

二〇〇七年二月初めには、「幕長研」幹事の藤田氏と萩博物館研究員（現在総括学芸員）の道迫真吾氏が博物館の企画展の見学に訪れ、再度、長州砲の調査をされた。

【第五章注記】

（1）シュベリンは、北部ドイツのメクレンブルク・フォアポンメルン州の首都である。国際経営会議はロストック大学社会経済学部のリヒター教授が主催し、欧米の多くの国から報告者が参加していた。ロストックはこの州の北端の海岸に位置する旧ハンザ同盟の主要都市である。ロストック大学は創立一四一九年と古い。当時、同大学社会経済学部および生産経済研究所（所長ネーブル教授）と大阪学院大学とは共同研究を行っていた。

（2）その講演内容に関しては次著に詳しい。郡司健編著『国際シンポジウム論文集　海を渡った長州砲～長州ファイブも学んだロンドンからの便り～』ダイテック、二〇〇七年。

（3）この絵巻の草書の判読・解釈は元高校教諭の西村優子先生に御願いした。その解読文を現代文に直し、これを英文に訳した。さらにその英文について松村昌家先生門下の島津展子教授（当時）にチェックを御願いした。この解読文及び英文は二度目の訪問の際に博物館側に手渡すことができた。このことに感謝申し上げる次第である。なお、この絵図そのものはここに掲載することは差し控えるが、その具体的内容に関しては、次の拙稿を参照されたい。拙稿「江戸の大砲つくり考―胝大砲鋳造絵巻と和流大砲鋳造法―」『大阪学院大学通信』第三八巻三号、二〇〇八年、一二―二三頁。拙稿「和式大砲の鋳造法―江戸のものつくり・伝統技術考―」『大阪学院大学通信』第三九巻五号、二〇〇八年、一四―五四頁。

（4）原本（「胝氏絵巻」）序文参照。胝家の幕末における事績に関しては、次の研究がある。北村陽子「【歴史のひろば】公儀御用鉄砲師と幕末―胝（あかがり）家を例として―」『歴史評論』第五四七号、一九九五年、六〇―七五頁。

（5）原文は郡司編著前掲書、七五頁。

（6）萩博物館『幕末長州藩の科学技術―大砲づくりに挑んだ男たち―』二〇〇六年、九頁。拙著『幕末の長州藩―西洋兵学と近代化―』鳥影社、二〇一九年、七七―七八頁。

第六章　欧州の長州砲とその後

はじめに

二〇〇八年八月ロンドンの喜平治作一貫目玉青銅砲が萩に里帰りし、一年後にはまたファイアパワー王立大砲博物館に返送された。二〇一一年にはアムステルダム国立博物館地下収蔵庫の長府砲がレリスタット（Lelystad）の旧造幣局跡の収蔵庫へ移された。パリのアンヴァリッド正面に置かれていた十八ポンド砲は北門西側（エッフェル塔寄り）へ移され砲架に搭載されていた。これまで不明であったもう一門のカノン砲がようやく見つかるという朗報もあった。そして、二〇一三年にはアメリカのネイビーヤード（海軍工廠）にある長州砲（ボンベカノン砲）も確認することができた。この間にも長州砲の所在にいろいろな変化が生じている。

一　ロンドンの長州砲、萩へ帰る

先の藤田・森本両氏のロンドン訪問は喜平治砲の萩への里帰りを交渉することが主目的だった。その結果、二〇〇八年八月から二〇〇九年六月まで、喜平治製作の一貫目玉青銅砲がついに萩に帰ることができた。この大砲は、萩博物館の正面玄関を入ってすぐの広間に展示されることになった。そして、八月二七日（水曜日）午後二時から萩博物館講座室で里帰りした長州砲展示のオープニングセレモニーとして記念講演会とパネルディスカッションが開かれた。

第一部の記念講演会では、古川薫氏（直木賞作家）が講演（「世界に散った長州の青銅砲」）をおこなった。第二部のパネルディスカッションでは、村上隆氏（当時、京都国立博物館保存修理指導室長）、小川亜弥子氏（福岡教育大学教授）ならびに筆者が個別報告とディスカッションを行った。

なお、喜平治砲の砲耳に刻まれた識別No.二九（表No.九）は萩博物館里帰り展示中に道迫真吾氏が確認し、富蔵砲の識別No.一七（表No.三）は筆者が写真により確認した[1]。

萩博物館での展示

喜平治砲耳右側の「29」

富蔵砲耳左側の「XⅦ（17）」

喜平治の大砲は翌平成二一年（二〇〇九）六月にふたたびロンドンに返送された。それに先だって萩商工高校の生徒達によって大砲の形状が正確に計測され、資料として保存された。この資料に基づいて、「幕長研」は、萩ガラス工房の敷地内にコシキ炉を造り、銅を溶解してまず一貫目玉青銅砲の一〇分の一模型の鋳造に成功した。その後、三分の一模型の鋳造に挑戦し、令和元年（二〇一九）一月に成功した。いわば素人ばかりで溶解炉を手作りすることから出発して試行錯誤しながら行われたが、非常に有意義な実験であった。この大砲鋳造実験では、円筒鋳型ではなく半割鋳型（「和銅寛」小泉武寛氏製作）が用いられた[2]。

鋳造実験用鋳型
金属工芸・和銅寛

三分の一模型

一〇分の一模型

二　二〇一一年の調査とロンドンの大砲

二〇一一年八月末から九月上旬に長府博物館の田中洋一氏および丹青社松丸英之氏と欧州における長州砲

等の調査のためにイギリスとオランダへでかけた。

イギリスでは、英国留学中の田口みどり氏（大島商船高専准教授、現在長崎大学准教授）も参加して王立大砲博物館に行った。同博物館理事のスミス氏に改装・新設中の館内を案内していただいた。本部の向かいの展示館で久しぶりに富蔵と喜平治の大砲に再会した。ただ、喜平治の大砲は、梱包されたままであり、スミス氏は希望があればいつでも貸し出しますよとジョークを交えて話されていた。博物館本部の近くにかなり大きな建物を建築中であり、かつてのロタンダ展示館にはもはや収められることはないのかもしれない。

富蔵の大砲

梱包のままの喜平治の大砲

三　オランダ再訪

（一）デン・ヘルダー海軍博物館の野戦砲と三〇ポンド砲

ロンドンからオランダへ向かい、そこでマルセルファミリーと久しぶりに再会し、まずデン・ヘルダー海軍博物館へ向かった。一二ポンド野戦砲は、ガラスのフェンスが取り除かれ、近くで観察できるようになっていた。これ以外はとくに大きな変化はなかった。

この野戦砲の砲耳に刻まれた算数字「26」が当初大きな疑問となったが、それがどうも下関戦争における接収大砲の英国側資料（いわゆる「ヘイズ・リスト」）における識別番号を示すようであることが解ってから、他の大砲の砲耳番号（識別番号）探しが大きな関心となった。それは、このヘイズ・リストの大砲がどのような種類のものからなっているかを類推する一つの有力な手掛かりとなるからである。

また、この野戦砲がクルップ砲どころか、かつてのオランダ陸軍制式砲（施条砲）と酷似していることも、後に、大阪大学大学院留学中のバハ・クサビエ（Bara Xavier）博士から教えてもらった。さらに、ロンドンのバック氏によれば、オランダはちょうど幕末時代にフランスに侵略されており、この時歴史的な空白が生じたため、当時の軍事技術的知識はそう詳しくない。このため、この野戦砲がクルップ砲かもしれないという推測がなされたのであろうということであった。しかし、クルップ砲であれば、銅製ではなく鋼鉄製のはずである。クルップ社はもともと鉄道会社であり、線路や機関車と同様に鋼鉄を使用して大砲を造ったと考えられる。

今回の訪問時に得られた成果の一つは、海軍博物館の前に置かれていた二つの大砲であろう。そのうちの一門の砲耳左右には「ロイク（Luik）一八四八年製／No.四二、三〇ポンド砲、一六九〇㌕」と刻印されていた。

この大砲は外形的にみて、アンヴァリッドの一八ポンドカノン砲とは異なり、砲身も短い。むしろ、アメリカや英国ポーツマスに置かれていたボンベカノン長州砲と外形的に酷似している。

ロイク三十ポンド鉄製大砲

砲尾部の形状

この二門の大砲は前回の同館訪問時には展示されていなかった。この大砲は、砲耳に刻まれた文字からベルギーのロイクで造られたものである。ロイクはフランス語の地名ではリエージュ（Liège）とよばれ、反射炉を使用して鉄製大砲が多く造られた場所として有名である。当時、欧米では銅の産出が少なく、鉄製大砲の方が安くついた。そこで反射炉を用いて錬鉄製大砲が鋳造された。

わが国でも、オランダ軍将校のヒューゲニン（U. Huguenin）が書いた反射炉に関する著書（『ロイク王立大砲鋳造所における鉄製大砲鋳造法』）が翻訳された。その翻訳書をもとに幕府（韮山）だけでなく佐賀藩等の有力諸藩も反射炉を建造した。欧米ではおもにパドル（攪拌）型の反射炉によって岩鉄を高温で溶解した錬鉄（純鉄）を用いて鉄製大砲の鋳造が試みられた。これに対し、わが国では和鉄（砂鉄）が中心で、しかもその攪拌がパドル型反射炉ほどに十分でなかった等の理由によって、錬鉄（純鉄）製大砲の鋳造は必ずしも成功したとはみられていない(3)。

ロイク製の大砲は鉄製のためさびないようにタールが塗られ黒くなっている。これと同じ形態の長州砲（青銅砲）はかつてイギリスのポーツマスにも展示されていた。あとで見るようにアメリカに配分された長州砲もこれと同じ外形である。したがって、長州藩にはなじみの深い大砲であり大いに参考になった。

(二) アムステルダム国立博物館の下関戦争関連所蔵品

長府毛利家の家紋（「一に三つ星」）が銀象嵌で埋め込まれた砲身部分は、アムステルダム国立博物館の地下貯蔵庫から、今回の訪問時にはオランダの地方都市レリスタットの収蔵施設に移されていた。そこでアムステルダムから二十五分程度特急電車に乗ってレリスタット中央駅に着きそこからタクシーで収蔵施設へ向かった。

この収蔵施設は以前造幣局だった建物でその内部はかなり広く、国立博物館の他の美術品とともに、長府砲の砲身断片だけでなく下関戦争関係の絵画や古川薫氏が贈呈された六分儀、ドイツ皇帝からオランダ国王へ宛てた下関戦争勝利の感状・記念メダル等が一箇所に集められ整理・保管されていた。国立博物館学芸員のヤン・デ・ホント博士（Dr. Jan de Hond）がいろいろ詳しく説明された。また、これらの作品についての詳しい調査資料もいただいた。

その下関戦争関係史料の整理リストは次のとおりである。
①ブロンズメダル二〔下関海峡絵図メダル、「MEDUSA・SIMONOSEKI・1. IJULI, 1863」刻印メダル（一八八八年製）〕、②下関戦争絵図、③ドイツ皇帝ウイルヘルムⅢ世の感状とこれを納めた筒、④長府砲砲身断片、⑤六分儀（Schenking van K. Frukawa, Shimonoski、下関古川薫氏寄贈）、⑥「ブルボンのビス」（仏式砲架衝撃吸収ネジ）、⑦銀食器、⑧チェスト（空き箱）

レリスタットへの切符

旧造幣局収蔵所

マルセル氏とホント博士

③ドイツ皇帝の感状と納筒

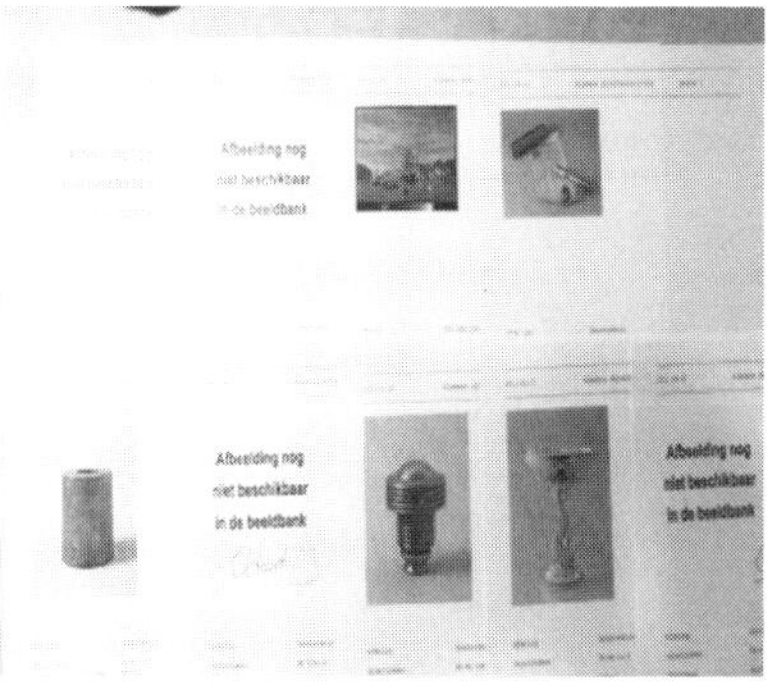

所蔵品リスト

④長府砲砲身断片

①ブロンズメダル二種

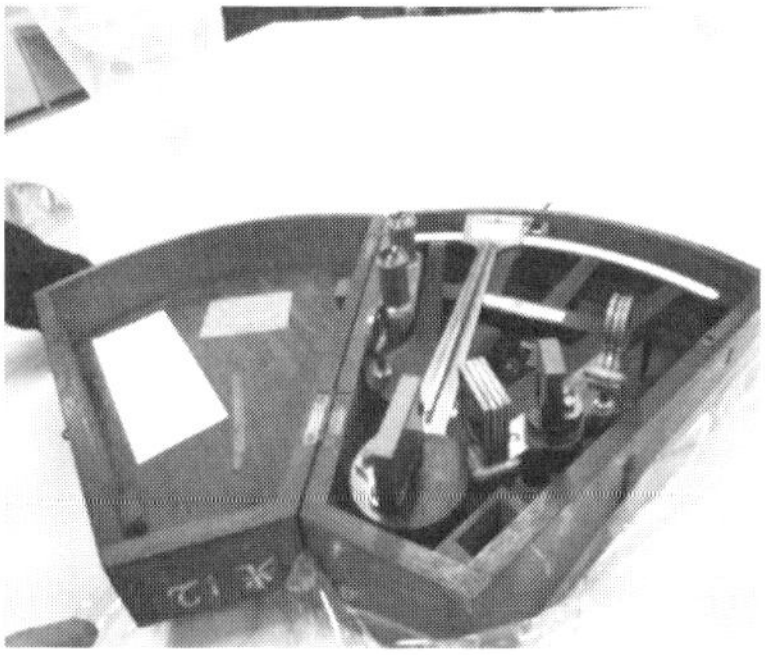

⑤古川氏寄贈六分儀

②下関戦争絵図

⑥「ブルボンのビス」

⑦銀食器

長府砲断片は同博物館のデータによれば、「長さ二二四・二センチメートル、外径二二・五センチメートル、内径一〇センチメートル、重量七〇キログラム」と記録されている。この外径と内径の差が大きいことからもうかがえるように、砲身の厚さは英国に分配された一貫目玉青銅砲と同様に厚く、その口径は二貫目玉筒に相当するとみられる。これがヘイズ・リストのいずれに相当するかは、砲耳部分が含まれないので識別番号は不明である。しかし、ヘイズ・リストでは口径約一〇センチのオランダに分配された大砲は、のちの第八章で検討するように、表No.四二、No.四三、No.四四がこれに該当する。これらの大砲のうち砲身の短い表No.四四がこれに該当すると推定された[4]。ホント博士も中本説を支持された。中本静暁氏は、

オランダでは、このほかに幕末関係資料等の取材をかねてライデン大学と日本博物館シーボルトハウスも訪問した。多くの写真や資料が保存されており大変感心した。これらの貴重な品や資料は、海外に持って行かれることによってかえって現在まで保存されることになったのである。

なお、長府砲の砲身は、その後同収蔵所から移されて、現在はアムステルダム国立博物館の大砲展示コーナーに展示されている。その説明パネルには次のようなことが書かれている[5]。

「長門の世子の家紋がこの大砲円筒断片にはめ込まれている。この世子は、日本が欧米に開国に反対したグ

ループ（攘夷派）のリーダーのうちの一人であった。そのため、彼の軍隊は、日本の二つの主要な島（本州と九州）の間にある下関海峡を封鎖した。一八六四年に欧米の軍隊はこの封鎖を終わらせた。この断片は戦利品としてオランダ海軍により接収された。」

長年、この長府砲に関わってこられた古川薫氏もすでに他界されたが、泉下でこの国立博物館展示のことを喜ばれておられるであろう。

シーボルトハウス

シーボルト胸像

アムステルダム国立博物館展示（西原里美氏提供）

四　パリ・アンヴァリッドの長州砲とその後

筆者はフランスの調査には仕事の関係で参加できなかった。そこでアンヴァリッドのもう一門の大砲に関して得られた情報を田中洋一氏と松丸裕之氏に伝えて調査をお願いした。これまで所在不明とされた、もう一門の西洋式カノン砲の所在については、二〇〇八年八月に日本航空の機内誌『スカイワード』に連載した筆者のエッセイ（二〇〇九年七〜九月号）を読まれた山岡鉄舟研究会会長の山本紀久雄氏が連絡してこられ、もう一門の大砲がアンヴァリッドの中庭に置かれていることを教えてもらった。山本氏は、古川薫氏の著作にしたがって、不明の大砲について幾度となくアンヴァリッドの関係者と交渉し、ついにつきとめられたのであった(6)。

ただ、この大砲が一八ポンド砲であるかどうかは依然不明のままであった。筆者は、古川氏の著作に掲載されている中庭の大砲が一八ポンド砲よりも大きいという印象をかねてから抱いていた。この大砲がアーネスト・サトウの著作『一外交官の見た明治維新』に書かれていた「嘉永七年（安政元年）製の二十四ポンド砲」の可能性が高いことを、山本氏に伝えた。

帰国後、丹青社の松丸氏から連絡があった。それによれば、アンヴァリッドの北門前庭に置かれていた十八ポンド砲は砲架に乗せられ、さらに西の端（エッソフェル塔寄り）に移されたとのことである。また、中庭に置かれたもう一門の大砲は、はたせるかなやはり二十四ポンドカノン砲であった。この大砲もまた、嘉永七年（安政元年）春に江戸葛飾砂川の長州藩別邸で郡司右平次が鋳造指揮した三六門の大砲のうちの一門であり、砲身には十八ポンド砲と同様の銘文（「二十四封度礟　嘉永七歳次甲季春　於江戸葛飾別別墅鋳之」）と毛利本家家紋（「一文字に三つ星」）が刻まれていた。また、その砲耳の識別No.九（表No.三〇）は長府博物館学芸員田中洋一氏が確認された。

その後、十八ポンド砲は二〇一四年九月に郡司尚弘氏が訪問した時には、さらに北門前庭東側に移され他の大砲とともに並べて置かれていた。これまで不明であった、砲耳の識別No.七（表No.二八）は尚弘氏によって確認され撮影された(7)。

なお、戦前のアンヴァリッドには荻野流一貫目玉青銅砲がもう一門存在していたことが、古書（アルフレッド・ルサン著　安藤徳器・大井征共訳『英米佛蘭聯合艦隊　幕末海戦記』平凡社、一九三〇年）から明らかになった。同書の口絵には、荻野流一貫目玉青銅砲の写真が掲載されており、これが戦前に陸軍省によって買い取られ靖国神社の遊就館に展示されていたものであることが記載されていた。これよりパリのアンヴァリッドには、西洋式カノン砲二門とともに、荻野流一貫目玉青銅砲が二門存在していたことが分かった。

アンヴァリッド北門前の一八ポンドカノン砲は、最初の訪問時には北門の西側にトルコや清国の大砲とともに置かれていた。その後、この大砲はより西側のエッフェル塔寄りに砲架に乗せられていた。そこからさ

十八ポンド砲と二十四ポンド砲
丹青社松丸裕之氏提供

現在の十八ポンド砲
郡司尚弘氏提供

らに北門の東側に諸国の大砲と並置されていた。この間、結構目まぐるしく移動している。

この北門の大砲は開門時間内であればいつでも見ることができる。パリに出かけられた人は、アンヴァリッドはパリ中心部に近く、その前のセーヌ川に架かるアンヴァリッド橋も美しいので、幕末における「日本史が世界史に組み込まれる一瞬を目撃した物言わぬ証人」として、是非、立ち寄ってみてほしいものである。[8]

五　かつて英国ポーツマスにあった三門の大砲

各種の文献・調査資料によれば、戦前の欧州には上記以外にも長州砲が存在していた。前述のようにフランスには長府貸与のものとは別の荻野流一貫目玉青銅砲が、またさらにさかのぼれば、明治初期には、最長の一五〇ポンド砲がオーストリアの万国博覧会に展示されていた。さらに英国のポーツマスには三門の大砲が存在していたという。[9]

（一）英国ポーツマスの長州砲の存在と調査

ポーツマスの砲術学校の三門の長州砲に関しては、有坂鉊蔵博士の著書『兵器考』（雄山閣、一九三六年）にそれらの写真が残されている。また、歴史家の有馬成甫氏（元海軍大佐）や、防衛大学校教授であった斎藤利生氏がこれについて研究されている。これら三門の大砲については、外形からすれば八〇ポンドペキサンス砲と三六（三〇）ポンドボンベカノン砲ならびに郡司喜平治銘のある忽砲（曲射砲）であることが明らかにされている。[10]　これらの三つの大砲の形態について示せば次のようである。

	材質	長さ	口径
①ボンベカノン砲	ガンメタル（銅合金）	84・0吋（213・36センチ）	7・5吋（19センチ）
②忽砲	同上	37・0吋（93・98センチ）	6・3吋（16センチ）
③ペキサンス砲	ブロンズ	106・0吋（269・24センチ）	11・0吋（28センチ）

（斎藤利生「英国ポーツマスの長州砲」一九八七年、三六頁参照）

①ボンベカノン砲

②忽砲

③ペキサンス砲

有坂鉊蔵『兵器考―砲熕篇一般部』雄山閣、一九三六年、二〇四頁、二五三頁（忽砲）より

斎藤利生氏は、有坂博士の『兵器考』に記載された英国ポーツマスの長州砲について以下のような叙述を行っている。

昭和初期に英国駐在武官の三木繁吉少佐は、ポーツマスにある三門の長州砲について報告書を作成し、これが茗荷中佐を経て有馬成甫大佐に伝わった。その三門の大砲は、①米国の長州砲と同型のボンベカノン砲、②弘化二年に喜平治が鋳造した忽砲、③八〇ポンドペキサンス砲である。その材質はガンメタル（砲金）、ブロンズと呼称は異なって記載されているが、いずれも同じ青銅製であるとされる。(11)

斎藤利生氏が引用した有馬成甫氏の論文におけるデータ（三木繁吉少佐の調査）によれば、ポーツマスの長州砲三門について、前頁の表のような要目があげられている。(12)

①のボンベカノン砲はその外形からみて三〇（三六）ポンドボンベカノン砲であり、先のデン・ヘルダー海軍博物館の前に展示されていたロイク製の三〇ポンド砲と同形であるだけでなく、アメリカのボンベカノン砲とも同形である。

②の忽砲には、「弘化二年（一八四五）乙巳郡司喜平治信安作」の銘が刻まれている。

③のペキサンス砲は、砲長は三㍍以下の中身カノンであり、外形からすれば、八〇ポンドボンベカノン砲である。しかし、かなり肉厚に造られており、ヘイズ・リストから推測すれば、口径は一一インチ（＝二八㌢㍍）である。接収された大砲の中では四㍍を超える一五〇ポンド砲よりも重量が大きく、最大口径である。それは八〇ポンド砲というよりもむしろ口径が一五〇ポンド超に鑽開（穿孔）拡張されたペキサンス砲として位置づけられる。(13)

これらは、いずれも炸裂弾（explosive shell）を発射しうる大砲であり、いずれも萩藩において鋳造された大砲とみられる。このようなポーツマスにあった大砲は現在ではもはやその存在が確認できない。これらの大砲は、古川薫氏が推測されたように、第二次大戦時にロンドン空襲の爆撃によって破壊されたのかもしれない[14]。

わが国ではペキサンス砲とボンベカノン砲とは、少なくともペリー来航以前から最も強力な大砲と信じられてきた。とくにペキサンス砲は、この当時世界的にも最も破壊力のある大砲であった。そして、ペキサンス砲と三六（三〇）ポンド等のボンベカノン砲は、両者を総称して広い意味でのボンベカノンとか、ボムカノンと称される。

六〇ポンド以上のボンベカノンはペキサンス砲として位置づけられる。ボンベカノンは、西洋では本来は反射炉によって錬鉄（純鉄）製大砲として造られ、その方がより正確で破壊力を増すと考えられた。それゆえ、わが国でも幕府（韮山）や、佐賀、薩摩、水戸、長州等の諸藩は、いずれもこの大砲を反射炉によって鋳造することを目指した。しかし、わが国では岩鉄ではなく、砂鉄を中心とするため、大砲鋳造には必ずしも満足な結果は得られなかった。そこで、薩摩は長州と同様に青銅製のカノン砲で攘夷戦争を戦った[15]。なお、江川英龍はペキサンス砲弾をボンベン弾、ボンベンカノン砲弾をガラナート弾と区別して使っている。

（二）八〇ポンドペキサンス砲

①ペキサンス砲の諸元

ペキサンス砲は、一八二二―一八二三年にフランスの海軍将校ペクサン（Henri-Joseph Paixhans）によって開発された大砲であり、彼の名にちなんでペキサンス砲あるいはペクサン砲と呼ばれる。それは大口径の炸裂弾（榴弾）を水平発射（平射）できるカノン砲である。その砲弾は、ボンベン弾ともいわれ、着弾と同時に爆発する着弾信管付き炸裂弾（着発弾）が主に用いられる。しかし、わが国では当初着発弾信管の仕組みが不明のため、発射して一定時間後に爆発する時限信管による炸裂弾が用いられた。

炸裂弾は、地上（陸上）戦では曲射砲である忽砲・臼砲によって使用されてきた。曲射砲では砲弾が高角度で発射され相対的に低速で標的に到達する。これに対し、カノン砲によって平射すれば高速で標的に到達しその爆発効果がより強力となる。海戦では基本的にその標的（敵艦）により大きな打撃を与えるためには平射（砲）が必要であった。このため、旧来の海戦はカノン砲同士で単純な弾丸（丸い鉄の塊）を用いた接近戦が行われていた。そのような鉄の塊では、それが当たった個所（船腹や城壁）を破壊するにとどまり、局所的にしかダメージを与えなかった。

ペクサンの開発した大砲（ペキサンス砲）では、木造船であれば木っ端みじんに粉砕するほどの破壊力を発揮した。この大砲は、一八二四年フランスの軍港ブレストで船舷を射撃してこれを試み、優良な成績を収めたので、フランスは海岸砲台および海軍の備砲に採用した。その最大射程は、一、四〇〇〇メートルとされる。この大砲は、わが国ではオランダ語版の翻訳書（蘭訳本『百幾撒私《ペキサンス》』）等を通じて知られるようになった。[16]

なお、ペキサンス鉄製砲の初期の諸元は、口径八・七インチ（二二一センチメートル）、砲身の全長九フィート四インチ（一一二インチ×二・五四センチメートル＝二八四・四八センチメートル）、三〇キログラムシェル弾（炸裂弾、榴散弾）、重量七、四〇〇ポンド（×四五三・六グラム＝三、三五六・六四〇キログラム、三・三六八トン）とされる。[17]

ペキサンス砲の外形は、砲耳はあるが砲把はなく、砲尾と砲頭に照門（照準）が設けられ、最大射距離一、四一〇メートルとされる。使用弾丸は榴弾・霰弾である。なお、榴弾は鉄の球弾であるが単なる鉄の塊ではなく、砲弾の中にさらに爆発火薬（炸薬一・五キログラム）が含まれ、それが爆発することによって砲弾断片が飛び散ることにより大きな破壊をもたらす。霰弾は葡萄弾ともいわれ「大丸子（子弾）四八個」つまり砲弾のなかにさらに四八個の砲弾（子弾）が含まれる砲弾である。これ以外にもさまざまの種類の砲弾が使用された。これらの炸裂弾は、時限信管の場合は約一九秒後に、着発信管の場合は着弾とともに爆発するように設計されていた。[18]

②ペキサンス砲への関心

わが国では、ペキサンス砲に関する翻訳書『百幾撒私』等を通じて幕府（韮山）や有力諸藩の間でその破壊力に対する認識が高まった。とくに幕府では天保一二年（一八四一）五月、高島秋帆が武州徳丸原において西洋流（高島流）砲術の操練を行ったが、井上左太夫ら幕府鉄砲方の和流砲術家は西洋流の操練を様々に批判した。これに対し、江川太郎左衛門英龍は、その批判に逐一反駁し、高島秋帆を擁護するとともに、西洋火器とくにボンベン弾・ペキサンス砲（ボンベカノン、ボムカノン）の威力等について述べ、その導入を主張した。その後、江川英龍は、天保一三年（一八四二）一〇月に大砲鋳造願が許可され、韮山での大砲製造と塾教育を開始した。さらに江川は、幕府に碧山子砲（ペキサンス砲）の取寄せを願い出た（「西洋の大筒御取寄せの義につき伺書」）。[19]

（三）萩藩におけるペキサンス砲への関心――松陰と覚之進――

長州藩でも天保一二年（一八四一）には郡司源之允は粟屋翁助および井上與（与）四郎とともに長崎の高島秋帆のもとで西洋流砲術・西洋兵学を学んだ。さらに弘化四年（一八四七）萩藩は西洋流砲術家で日向藩士の吉羽数馬を招いて西洋流砲術の様々の演習を行った。これに郡司源之允・次郎兵衛等とともに郡司一門が補佐した。これにより、臼砲と忽砲を中心に各種ボンベン弾・ガラナート弾の製造・使用技術を修得した。このようにして西洋流大砲技術は萩藩において浸透していった。[20]

嘉永三年（一八五〇）初には、ヒューゲニンの「鉄製大砲鋳造法」が周防の洋学者手塚謙蔵（律蔵）によって公刊されている（『西洋鉄熕鋳造編』）。手塚はそれ以前から翻訳を完成させており、その写本がすでに関係者の間で流布されているだけでなく、その翻訳についても大島高任にも協力してもらったとみられる。

嘉永三年八月藩校明倫館教授・軍学（兵法）師範の吉田松陰は兵学修業のため九州（平戸）遊学へ出立した。長崎では、郡司覚之進とともに、高島秋帆の子高島浅五郎ほか有力な学識者をたずね、書物を借りて抄録筆記し、またオランダ商館やオランダ船を見学した[21]。

松陰は、九州遊学中に各地の人士を訪ねるとともに、平戸で八〇冊、長崎で二六冊の文献を読破した。彼は、とくにアヘン戦争について書かれた『阿芙蓉彙聞《あふようい　ぶん》』に衝撃をうけ、さらにペキサンス砲の訳書『百幾撒私』を借りて読み、その内容を彼の「西遊日記」に詳しく記録している。このような経験と藩の現状に鑑みて、のちに覚之進や松陰は、長州藩では（一五〇ポンド砲を断念し）八〇ポンドペキサンス砲を中心とする西洋銃陣の編成を行うことを強く主張するようになる。

この頃、嘉永二年から三年にかけて、薩摩藩は八〇ポンド・三六ポンドボンベカノン砲を鋳造し、発射試験を行っている。嘉永四年（一八五一）に江川英龍は会津藩の注文により青銅製一五〇ポンド・ペキサンス砲を長谷川刑部に鋳造させている。

（四）ペキサンス砲の鋳造

嘉永六年（一八五三）二月萩藩は、郡司千左衛門（覚之進）を砲術・大砲研究のため長崎に派遣した。彼はペキサンス砲の優位性を確認した。このころ千左衛門はまた鹿児島等へも足を延ばし、薩摩藩の八〇ポンドペキサンス砲および三六ポンドボンベカノン砲の鋳造・発射実験に関する記録とペキサンス砲円筒鋳型設計図等を「八〇ポンド・三六ポンドボンベカノン規則」として残した。

これに対し、荻野流砲術師範の守永弥右衛門は、和流の六貫目焙烙玉筒でも十分に対応できることを主張した。藩はそこで洋式ペキサンス砲と和流焙烙筒とをそれぞれ鋳造してその効果を競うことを提案した。弥右衛門は青海の鋳造所でこの和流大砲の鋳造にとりかかった。(22)

同年六月にはペリー艦隊が来航した。七月には幕府は品川台場築造に着工し、湯島鋳砲場を設立した（一二月操業開始）。九月に松陰は書簡でペキサンス砲等の必要性を主張した。一一月に萩藩は松本の鋳造所を藩営化し、郡司武之助と郡司右平次（喜平治）を大砲鋳造用掛に任命した。この年右平次は、八〇ポンドペキサンス砲とともに一八ポンドカノン砲五門等を鋳造し、年末には一八ポンド砲等の洋式カノン砲の鋳造を指揮するために江戸葛飾砂村の藩別邸に呼び出された。(23) ペキサンス砲は元治元年の欧米連合艦隊との戦闘までにあと二門が、萩の沖原鋳造方や小郡の鋳造所で千左衛門や徳之丞等によって鋳造された可能性が高い。そのうちの一門は八〇ポンドペキサンス砲を肉厚にして一五〇ポンド超に鑽開拡大して使用したとみられる。

下関戦争当時、欧米では産業革命が浸透し、欧米連合艦隊ではアームストロング砲やパロット砲のような最新鋭の大砲とともに、多くの大砲はその砲腔に螺線（ライフル）を施した施条砲が中心であった。これに対し、長州側でもこの時期には施条砲の製作にも着手していていたが、四斤砲を一門完成した程度で量産にまで到らなかった。(24) これに追いつくには時間が足りなかったといってよい。

【第六章注記】

（1）道迫真吾「英国から里帰りした『長州砲』についての新情報」『長州の科学技術〜近代化への軌跡〜』第三号、

二〇〇八年、四一―四二頁。拙稿「江戸後期における長州藩の大砲鋳造活動考―右平次（喜平治）勤功書を中心として―」『伝統技術研究』第四号、二〇一二年、三六―三七頁。

（2）これに関しては、藤田洪太郎「長州砲ミニチュア鋳造実験報告」『長州の科学技術～近代化の軌跡～』第四号、二〇一一年、八一―八八頁。藤田洪太郎「長州砲三分の一鋳造実験」『新史都萩』第七二号、二〇一九年、一一―一二頁。

（3）Huguenin, U, Het Gietwezen ins Rijks Ijzer-geschutgietery te Luik, 1826. 拙稿「幕末期鉄製大砲鋳造活動の展開―佐賀藩反射炉活動を中心として―」『大阪学院大学通信』第四六巻五号、二〇一五年。錬鉄鎔解には最も高温が必要であるため、なかなか難しかった。その後転炉の普及によって錬鉄鎔解までの高温でなくても銑鉄よりも硬度の高い鋼鉄が生産できるようになった。拙稿「下関戦争における欧米連合艦隊の備砲と技術格差」『伝統技術研究』第一一号、二〇一八年、三一―三七頁。

（4）中本静暁「下関戦争で四ヶ国連合艦隊によって接収された台場砲―英国側史料の中に現存する大砲を探す―」『長州の科学技術～近代化への軌跡～』第三号、二〇〇八年、二一頁。拙稿前掲（「江戸後期における長州藩……」）、三六―三七頁。

（5）長門の世子の紋章は、「長門の王子（the Prince of Nagato）の紋章」と表現されている。これは支藩（長府藩）を継いだ子孫の毛利家の家紋を指しているとみられる。

（6）山本紀久雄「『命も、名も、金も要らぬ』山岡鉄舟―謹慎解ける」『月刊VERDAD』第一七一号、二〇〇九年、六九―七〇頁。拙稿「長州砲×仏」「長州砲×萩」「長州砲×英」『JALスカイワード』七～九月号、二〇〇九年、五八頁（七月号）・八九頁（八月号）、一一四頁（九月号）。

（7）田中洋一「下関戦争と長州砲」『維新史回廊だより』第一七号、二〇一二年。拙稿前掲（「江戸後期における長州藩……」）、三六―三七頁。

（8）古川薫『幕末長州藩の攘夷戦争―欧米連合艦隊の来襲―』中公新書、一九九六年、一八四頁。

（9）一五〇ポンド砲に関しては、古川薫『わが長州砲流離譚』毎日新聞社、二〇〇六年、一二六―一二七頁参照。

（10）有坂鉊蔵『兵器考―砲熕篇一般部』雄山閣、一九三六年、二〇四頁、二五三頁（忽砲）。斎藤利生「英国ポーツマスの長州砲」『兵器と技術』一九八七年一一月号、三六頁。有馬成甫「英国軍艦の分捕せる下ノ関の大砲に就て」『有終』第二〇二号、一九三〇年。ただし、有馬論文については所在不明につき入手困難。拙稿前掲（「元治元年の下関戦争……」）、三九―四二頁。

（11）有坂前掲書、二〇四頁、二五三頁（忽砲）。斎藤前掲論文、三六頁。拙稿前掲（「元治元年の下関戦争……」）、三九―四二頁。

（12）斎藤前掲論文、三六頁。

（13）ここで、筆者は、当時のカノン砲の分類のために、三㍍を超えるカノン砲を長身砲、三㍍以下二㍍未満のカノン砲を中身砲、二㍍以下のカノン砲を短身砲として位置づけている。つまり、長身、中身、短身はそれぞれ三㍍以上、二㍍以上、二㍍未満の砲長を持つカノン砲として絶対的長さを基準としている。拙稿「下関戦争で使用された大砲とその技術格差―各国に現存する大砲と長州側及び英国側資料を中心として―」『銃砲史研究』第三八九号、二〇二〇年、八―九頁。

（14）古川前掲書（『わが長州砲流離譚』）、一六〇―一六一頁。

（15）勝海舟「陸軍歴史」巻一「陸軍改制の端緒一」第十三条「金山山人の評」勝海舟『陸軍歴史Ⅰ』講談社、一九七四年、四六頁。拙稿「江戸後期幕府・諸藩における西洋兵学受容と大砲技術―ペキサンス砲の衝撃と幕府・諸藩の対応―」『大阪学院大学通信』第四三巻九号、二〇一二年参照。拙著『幕末の長州藩―西洋兵学と近代化

―』鳥影社、二〇一九年、二二―二三頁。

(16) BooksLLC, Artillery of France, Tennesee, 2010, p.109-110. 鈴木一義「幕末長州藩の大砲鋳造技術―在来技術から近代技術へ―」萩博物館『幕末長州藩の科学技術―大砲づくりに挑んだ男たち―』二〇〇九年、六二頁。Pope, D., GUNS,London, 1965, pp. 176-178. ペキサンスの邦訳本『百幾撒私』は安政二年(一八五五)に小山杉渓によって公刊されているが、それ以前にもすでに写本等を通じてこれに関心を持つ砲術家・兵学者達に読まれていた。吉田松陰もその一人である。吉田松陰「西遊日記」山口県教育会編纂『吉田松陰全集　第九巻』大和書房、一九七四年、二五―一〇七頁。同吉田常吉・藤田省三・西田太一郎校注『日本思想体系五四　吉田松陰』岩波書店、一九七八年、三九四―四四四頁。拙著前掲、五一―五三頁。

(17) BooksLLC, op. cit., p.111. 拙稿「嘉永期長州藩における西洋兵学受容と大砲技術―ペキサンス砲の衝撃―」『伝統技術研究』第六号、二〇一四年、二三頁、二五―二六頁。なお、砲把は、パリの一八ポンドカノン砲やデン・ヘルダーの野戦砲の砲耳の近くに取り付けられた取っ手のようなものである。

(18) 荘司武夫『火砲の発達』愛之事業社、一九四三年、一一一頁。拙著前掲、七六―七七頁。

(19) 勝海舟「陸軍歴史」巻一「陸軍改制の端緒一」第十七条「碧山子砲取寄せの上申」勝前掲書、四六頁。拙稿前掲(「江戸後期幕府・諸藩における西洋兵学受容……」)、一一頁。

(20) 拙著前掲、四六―四七頁。拙稿「天保・弘化期における長州藩の西洋兵学受容と大砲技術―神器陣と西洋兵学の導入―」『伝統技術研究』第五号、二〇一三年、二五―二九頁。

(21) 吉田松陰「西遊日記」山口県教育会編集前掲書、二五―一〇七頁。覚之進は文政一二年(一八二九)生まれ、松陰よりも前年の生まれである。

(22) 「ボンベカノン規則」に関しては、拙稿前掲(「嘉永期長州藩における西洋兵学受容と大砲技術」)、一六―

四〇頁参照。道迫真吾「幕末長州藩における洋式大砲鋳造─鋳物師郡司家を中心に─」『近代日本製鉄・電信の源流─幕末初期の科学技術』岩田書院、二〇一七年、九─三四頁参照。守永弥右衛門の主張する焙烙玉筒は鉛玉と火薬玉を詰め込んだ大きな弾丸（焙烙玉）を和流大砲で発射するものである。大型花火に鉄の玉などを仕込むことを想定すればわかりやすいかもしれない。

(23) 拙著前掲、六〇頁。

(24) 文久三年六月五日には右平次が四斤砲を完成し藩に献納したが、この時期から弟子の郡司徳之丞も同種の大砲や砲弾の作成に着手している。郡司徳之丞勤功書「御願中上候事」明治二年三月、山本勉彌・河野通毅『防長ニ於オケル郡司一族ノ業績』藤川書店、一九三五年、三九頁。拙著前掲、一五七頁。

第七章　ワシントンＤＣのボンベカノン長州砲

はじめに

米国の首都ワシントンＤＣのネイヴィヤード（海軍工廠）には下関戦争の戦利品として一門のカノン砲が展示されている。また前年（文久三年）の砲撃戦でアメリカ軍艦ワイオミングが使用した大砲と同じ種類のダールグレン砲も展示されている。ここには、一八六〇（万延元）年四月五日幕末遣米使節一行が訪問している。ネイヴィヤードには「幕末」が散見できるだけでなく関連する施設等もみられることは興味深い。

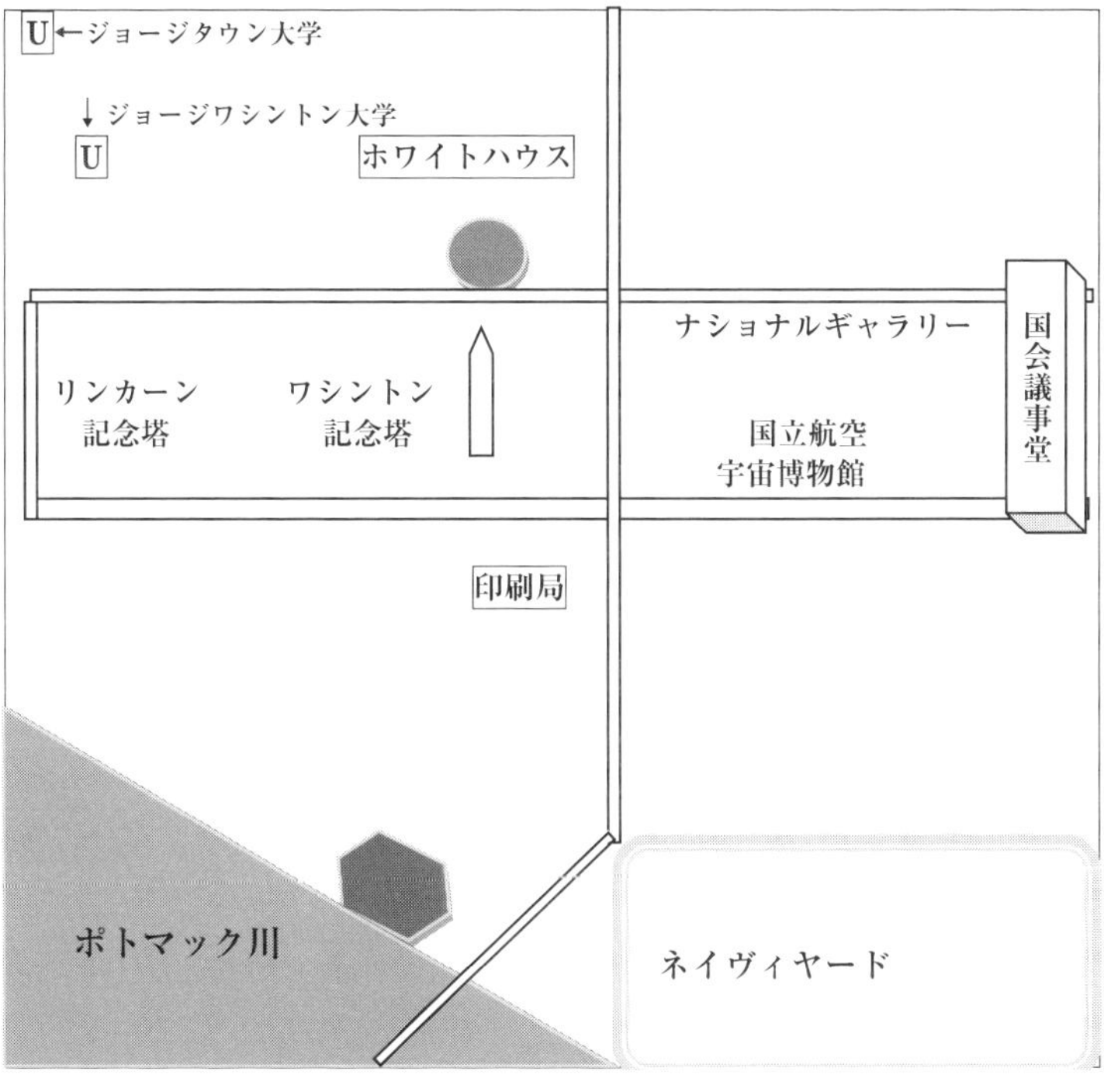

一　ワシントン・ネイヴィヤードと長州砲

（一）ワシントンDCとネイヴィヤード

米国の首都ワシントンDCのネイヴィヤードは、アメリカ合衆国大統領官邸であるホワイトハウスの東南に位置する。ホワイトハウスの西側にはジョージワシントン大学が、さらに西方にはジョージタウン大学とその周辺の町並みがある。

二〇一三年九月一日にワシントンDCに到着した。二七年前にジョージワシントン大学やジョージタウン大学を見学して以来である。翌日、ホワイトハウス近くのホテルからタクシーでワシントン・ネイヴィヤードを訪れた。ネイヴィヤードは、アメリカ海軍の造船所および兵器工場であったが、現在、跡地は米海軍の式典等に使用されるとともに、海軍博物

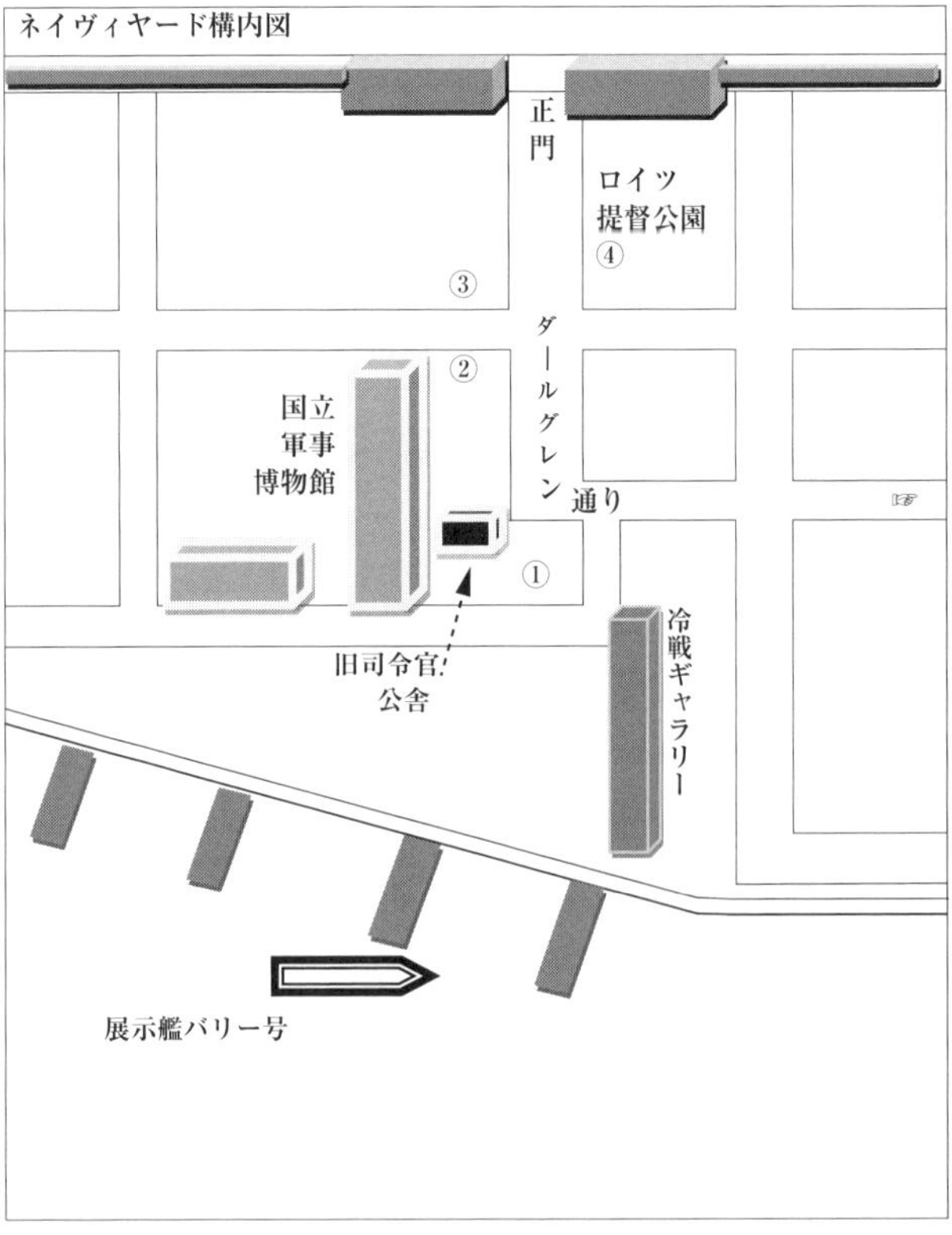

館・冷戦センター、海軍歴史センター本部、海兵隊学校等各種機関の建物が置かれている。

ワシントン・ネイヴィヤードの正面ゲートからは一般人は入れない。そこで、徒歩でまず平日入口の一一番ゲート（東側）へ向かった。ところが、当日はチェーンがかかっていた。九月の第一週目の月曜日は、レイバー・デイ（労働者の日、Lavor Day）で祝日のため閉鎖されていたのであった。

そこで、正門へまた戻り、衛兵さんに聞いてそこから西へ廻り、さらに海岸方面へ南下すると、海岸通りのゲートが開放され一般人が散歩などに使用していた。そこをさらに東に進むと駆逐艦バリー号（Barry）が係留され展示されていた。

ワシントン・ネイヴィヤード

展示艦バリー号

冷戦ギャラリー

国立海軍博物館入口

南軍ブロッケライフル砲①

旧司令官公舎

その先を少し歩いたところに展示館（冷戦ギャラリー海洋考古学館、cold war gallery underwater archaeology）があった。その海岸側の入口が開門していた。この入口でパスポートを呈示し、名簿にサインして、ヤード内に入ることができた。

この展示館には冷戦時代の原子爆弾等の各国の記念物や潜水用具等の海洋考古学関係の展示がなされていた。展示ギャラリーからヤード内に入った。その周辺には屋外に各種の大砲（南軍のブロッケ六・四インチ重層ライフル砲、Confederate Brooke 6.4-inch double banded rifle）等が置かれていた（構内図①）。

冷戦ギャラリーの向かいにある国立海軍博物館を経て旧司令官公舎の前の正門から同ヤードへまっすぐに北上する通りはダールグレン通り（Dahlgren avenue）と呼ばれる。この通りの海軍博物館の横側（構内図②）にはアメリカ軍の歴史的に有名なダールグレン砲や、パロット砲と同型の大砲などが置かれている。[1]

この通りの海軍博物館から正門までの間には芝生の庭があり、ロイツ提督公園（Admiral Leutze Park）と名付けられている。ここにはフランスやスペイン等からの戦利品としての青銅砲がならべて置かれている（構内図③④）。そして、下関戦争によって米国に分配された青銅砲もここ（構内図③）にあった。この大砲は実弾を発射するいわゆる通常のカノン砲ではなく、発射後に砲弾が炸裂して多くの子弾が飛び散る炸裂弾を発射する、いわゆるボンベカノン砲といわれる大砲であり、その外形も独特である。

ダールグレン滑腔砲とパロット同型砲②

ボンベカノン砲③

フランスやスペインの大砲④

このように正門から真っ直ぐの道がダールグレン（J A. Dahlgren）という海軍将校の名前で呼ばれている。ダールグレンはこのネイヴィヤードで当時最新鋭の大砲を開発しただけでなく、このヤードの長官を二度務めた。この功績をたたえてダールグレン通りと名付けられたといわれる。

ネイヴィヤード内のボンベカノン砲は、「ダールグレン通り」に、少し離れてではあるが、先のダールグレン砲やパロット砲と同型の大砲とともに置かれている。しかも、これらの種類の大砲は下関においてともに砲火を交えたのである。そこにはなんらかの歴史的な因縁ないし因果を感じざるを得ない。

二　ボンベカノン考

（一）幕末の下関におけるボンベカノン

幕末の下関における欧米連合艦隊との戦闘において長州側は、実弾を発射する砲身の長いカノン砲だけでなく、シェル弾ともよばれる炸裂弾を発射するボンベカノン砲も使用した。これ以外にも忽砲（ホーイッツア・忽微砲・曲射砲）、臼砲（モルチール）、野戦砲、和流大砲なども配備して、欧米連合艦隊の来襲に備えた。

ボンベカノンは、ボムカノンとも呼ばれ、炸裂弾を発射するための幾分砲身の短い大砲（カノン）である。これには口径二〇ドイム（拇、約二〇センチメートル）以上のいわば六〇ポンド砲以上のペキサンス砲（ペクサン砲）と、おもに口径二〇ドイム未満のいわゆる（狭義の）ボンベカノン砲とに区分される。

いずれも砲弾としては、炸裂弾の使用を想定しているが、前者つまりペキサンス砲はより口径の大きないわゆるボンベン弾を使用し、後者のボンベカノン砲はガラナート弾（小ボンベン弾）とも呼ばれる砲弾を使用する。

　このような各種の大砲の半数近くが戦利品として四か国に接収され、各国に分配された。このうちペキサンス砲とボンベカノン砲とは、かつて英国ポーツマスに保存されていた。しかし、現在では亡失し、写真と記録が残されているに過ぎない(2)。

　かつてイギリスのポーツマスにあった大砲とネイヴィヤードの大砲については、防衛大学校教授であった斎藤利生氏によって詳細な考察がなされている。さらに、ネイヴィヤードのボンベカノン砲については、かつて古川薫氏が探求され、その後二〇一〇年に藤田洪太郎氏と道迫真吾氏等が実際に調査している(3)。

　この二門は、ともに青銅製であるが、オランダのデン・ヘルダー海軍博物館に展示されている二門の大砲は、全く同じ外形であり、両大砲ともロイク製の三〇ポンドボンベカノン鉄製砲とみて差し支えないであろう。この大砲は三〇ポンドボンベカノン砲を調査分析するときに大変重要な手掛かりとなった。また、後述するように幕府開陽丸にもこれと同じ三〇ポンドボンベカノン砲が使用されていた(4)。

三〇ポンド、三六ポンドクラスのボンベカノンは、ペキサンス砲に使用されるボンベン弾ではなくガラナート弾（小ボンベン弾）を発射するための大砲として位置づけられる。その代表的な砲弾としては例えば次のものがあげられる(5)。

①鉄盒弾《てつごう》—基盤の上に鉄の子玉三四個を五層に納めた円筒形（底辺直径一五・九四センチメートル×高さ約三六・七五センチメートル）の筒として示されている。

②葡萄弾—基盤の中央には約三〇・六センチメートルの長さの棒がはめ込まれ、その棒を中心に麻縄で連結した子弾

を納めた円筒形（底辺直径一五・七センチメートル×高さ約三六・二四センチメートル）の筒として示されている（図中、黒色部分＝基盤（コロス、槻盤とも呼ばれる）。

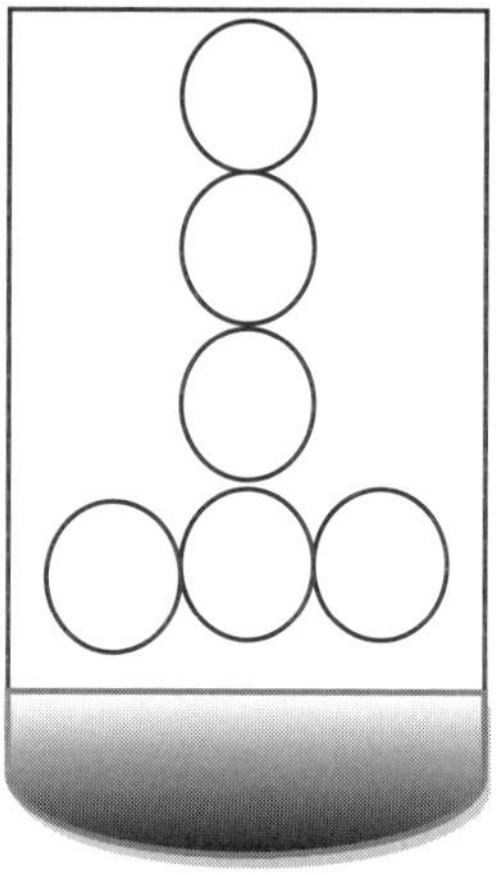

鉄盒弾模写略図

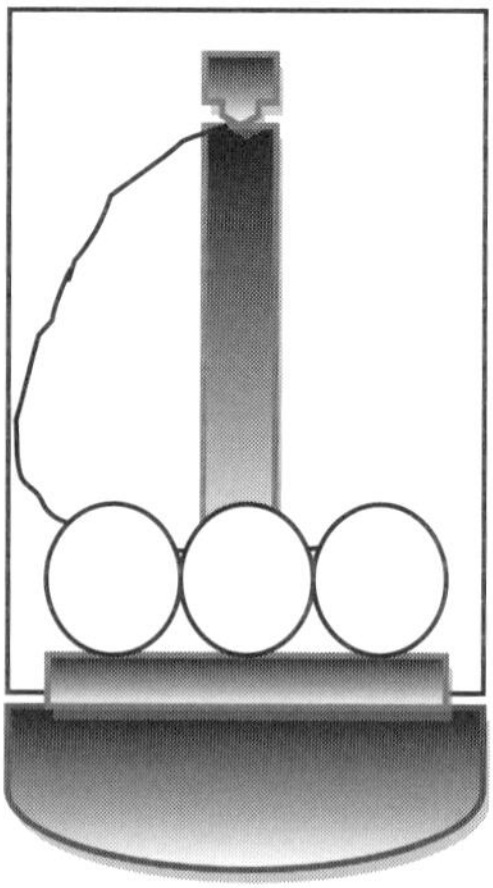

葡萄弾模写加筆略図

（二）ネイヴィヤードのボンベカノン

ネイヴィヤードのボンベカノン砲については、元防衛大学教授の斎藤利生氏や古川薫氏も紹介されているように、そのプレートに次のような説明がなされている。[6]

「日本の三六ポンド青銅砲

この大砲は、下関海峡を防衛する砲台の備砲である。それは、一八六四年九月五日と六日に、連合艦隊によって砲撃され沈黙させられた。これには米国がチャーターした武装蒸気船ターキャンも参加していた。この戦闘は西日本において増大する攘夷運動を終息させたといわれる。大砲の前と後の突き出た照準は、長距離の海岸砲にとって特に重要であり、通常のものとは異なる。」

この銘板では、このボンベカノン砲が三六ポンド青銅砲として位置づけられたのはその口径をもとに判断したものとみられる。

（三）ボンベカノンをめぐる先駆的研究

斎藤利生氏は、この大砲について二つの論文において考察している。第一論文では米国のボンベカノン砲について直接様々の可能性について考察している。第二論文では、有坂氏の『兵器考』に記載された英国ポーツマスのボンベカノン砲について検討し[7]、これとの対比を通じて米国の長州砲について再考している。

まず米国の大砲を中心とする斎藤氏の第一論文に関しては、以下のような論点が見いだされる。

（一）米国の長州砲が三六ポンド砲とすると、計算上は口径一六・九センチメートル、砲長二九三センチメートルと推定される。

（二）この大砲の外形は幕府の開陽丸の備砲の一種であったロイク製「三〇」ポンド砲（口径一六センチメートル、砲長二四二センチメートル）によく似ている[8]。

（三）下関戦争関係の資料において三六ポンド砲（三六斤砲）についての記述はほとんど見られない。長府毛利家の史料「毛利家乗」には文久三年のメデューサ砲撃に際し三六ポンド砲弾が使用されたことが出てくるだけで、長州の台場に三六ポンド砲があったのかどうか明確ではない[9]。

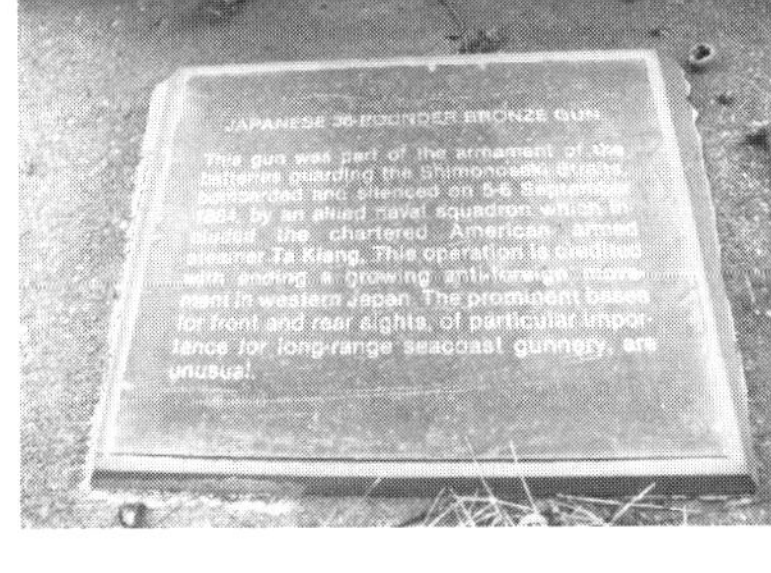

（四）斎藤氏は、この米国の大砲は青銅砲としては全体としてよく出来ているが、砲身のリング（バンド）が直角に出来ている等あまりに原型に忠実すぎる。かくて、この大砲は、わが国が蘭書により手探りで洋砲の製造を始めた頃の、初期の国産洋砲であり、長州藩が四か国艦隊の来襲を前にして緊急に他藩より調達した古砲であろうと推論された[10]。

長州爆砲の砲身バンド部

砲尾部

英国ポーツマスの長州砲との対比を通じて米国の長州砲について再考した第二論文では、以下のような論点が見いだされる。

（一）三六ポンド砲の計算上の口径は一六・九センチメートル、砲長二九三センチメートルとなるはずであるのに、戦前この大砲を実測した三木少佐のデータでは口径七・五インチ（一九・〇五センチメートル）、砲長は八四インチ（二一三センチメートル）となっている。

（二）三木少佐の実測では、口径は大きすぎ五二ポンド砲に相当し、砲長は三六ポンド砲としては短かすぎる。これは何らかのミスであろうと（斎藤氏は）推測される。

（三）結果的に、斎藤氏は三木氏の実測データは口径も砲長もミスであると考えて、英国の大砲も米国の大砲と全く同じ三六ポンド砲と結論づける。[11]

このような斎藤氏の研究に対して、とくに第一論文の論点（四）において他藩製ではないかと推測された。この大砲が三六ポンド砲であるとすれば、確かに下関戦争関係の文献資料にこれを見出すことは難しく他藩製という推論も無視できない。しかし、その半面、斎藤氏自身が直観されたような、三〇ポンド砲ならばいかがであろうか。以下においては、三〇ポンド砲を含めて長州藩における当該大砲の可否について検討しておこう。

（四）萩藩庚申丸製造と三〇ポンドボンベカノン

万延元年（一八六〇）五月萩藩では洋式軍艦庚申丸《こうしん》が進水した。この艦の設計者は藤井勝之進である。彼の設計図にみられる造艦技術の向上はオランダ海軍士官をして大いに感嘆させた。庚申丸の製造には、丙辰丸（四〇〇〇両）の約五倍（二万両）の費用を要した。[12]

庚申丸の備砲は、オランダ士官の助言に従い三〇ポンドカノン砲を左右各四門計八門備える予定であったが、実際には、三〇ポンドカノン砲を左右各三門計六門配備するにとどまった。この三〇ポンド艦載砲（ボンベカノン）はまさにロイク製三〇ポンド砲と同型であり、いわばオランダ直伝長州藩製三〇ポンド砲として造られたといって良いであろう。[13]そして、この大砲がペキサンス砲と同様に三六ポンド超砲に鑽開拡大して下関で使用されたと考えられる。

（五）ヘイズ・リストとボンベカノン砲

ワシントン・ネイヴィヤードのボンベカノン砲は、砲耳部分の腐蝕がひどいためか具体的な数字が識別できない。しかし、アメリカには一門しか配分されていないので、接収した長州砲の各国への分配状況を示すヘイズ・リストの表No.五四がこれに該当することは自明である。また、ネイヴィヤードの大砲については道迫真吾氏によって測定されている。その両データについて示しておこう。

ヘイズ・リスト表No.五四＝砲長二四八センチメートル・口径一五・二四センチメートル
道迫真吾氏の実測＝砲長二四四センチメートル・口径一八・〇センチメートル

砲長はそう大きな差はないが。口径の方は、先の斎藤説に従えば口径一九・〇五センチメートルで五二ポンド砲に相当するとされるから、三〇ポンド砲と四〇ポンド砲くらいの差がありそうである。これは他の大砲がそうであるように長州藩では下関戦争の実戦的な使用にあたり、より大きな砲弾を発射できるように大砲の砲身を鑽開拡大して使用したことによるものと考えられる。

（六）長州藩の大砲鑽開拡大化方針

長州側の資料では三〇ポンド砲（三〇斤砲）は六門存在するが、三六ポンド砲（三六斤砲）の記録は存在しない。ポーツマスの大砲はネイヴィヤードの大砲や開陽丸の大砲よりも砲長は短く、まさに外形的には三〇ポンドボンベカノンそのものとしてとらえられる。かくて、ネイヴィヤードの大砲やポーツマスの大砲は、デン・ヘルダーの三〇ポンド砲や開陽丸の大砲と同様に本来は三〇ポンド砲として鋳造され、これを鑽開拡大して使用されたものと結論づけて差し支えないであろう。

長州藩では、ペキサンス砲については一五〇ポンド砲ではなく八〇ポンド砲を鋳造することを藩の方針とした。[14]しかし、外形は八〇ポンド砲であっても、他の多くのカノン砲がそうであったように、これをより大きなボンベン弾を発射できるように鑽開拡大して使用した。とくに表№一の（ポーツマスの）大砲は、最大口径の「一五〇ポンド超」ペキサンス砲として最初から鑽開拡大できるように太めに肉厚に鋳造されたと推測される。現物は既に存在しないが、写真が残されていることは幸いである。

ところが、三〇ポンドボンベカノン砲に関しては、ネイヴィヤードでは三六ポンド砲として記載されていることから、当然のことながら、これにとらわれて混乱が生じた。確かに、米国の軍事博物館においてそのように規定されたことはそれなりに尊重されてしかるべきであろう。接収した側では、通常、砲長よりもむしろ大砲の口径を考慮して分類することが多いのではないかと推測される。

ポーツマスとネイヴィヤードのボンベカノン砲には砲把がなく、しかも砲の中程に特徴的な目当（照準）が付けられている。その外形は、オランダのロイク（リエージュ）製の三〇ポンド鉄製大砲と同じ形態である。これら六門の大砲は、三〇ポンドボンベカノン砲として鋳造された。しかし、その口径が鑽開拡大され、結果的に三六ポンド砲として扱われた可能性が高い。この大砲が幕府開陽丸の備砲の一種であったロイク製三〇ポンド砲（口径一六センチメートル、砲長二四二センチメートル）によく似ているという斎藤利生氏の第一論文（二）の直観の方がむしろ的を射ているといわざるをえない。

加えて、メデューサに着弾した榴弾に関しては、「防長回天史」では庚申丸より発射した「三〇斤榴弾」がメデューサの甲板に飛来した、とある。他方、「毛利家乗」では三六ポンド砲弾が使用されたとある。これからは、庚申丸の三〇ポンド砲（鑽開拡大三六ポンド砲）から三六ポンド砲弾が発射されたとみれば、両者は符合することとなる[15]。

斎藤氏は、このボンベカノンの外形がオランダ側の大砲模型設計図の原型に忠実すぎることなどから、藩外の初期の鋳造品と推測された。しかし、同形の大砲は、庚申丸の備砲として造られており、他藩製ではないとみてよい[16]。同艦は、文久三年に撃沈されたが、中嶋治平の考案により引きあげられた壬戌丸等とともに、修復・再利用されている。そのときの三〇ポンド砲は、この戦闘の際に鑽開拡大されて砲台備砲として配置されたものと考えられる。

三　幕末遣米使節団とネイヴィヤード――小栗忠順の決断と近代化――

ところで、このネイヴィヤードには一八六〇（万延元）年四月五日幕末遣米使節が訪問している。この使節団は、安政七年（一八六〇、三月より万延元年）一月一九日（太陽暦現地時間二月一〇日）に、日米通商条約批准のために米国軍艦ポーハタン号で米国へ出発した。遣米使節の正使は新見正興であり、小栗忠順は目付（監察）としてポーハタン号に同乗していた[17]。

他方、長崎海軍伝習所で伝習生の教育等に使用された咸臨丸がこの遣米使節に途中まで随伴した。咸臨丸の乗組員は、長崎海軍伝習所の幕府伝習生のなかから選抜された。この練習艦司令官（特使代理）には、二代目伝習所総督であった木村摂津守喜毅（当時、軍艦奉行）が、艦長には勝海舟（当時、軍艦操練所教授方頭取）が任命された。そして、この咸臨丸には小野友五郎や肥田浜五郎さらには福澤諭吉や中浜万次郎等が乗り込んだ。咸臨丸の方は、二月二六日（太陽暦三月一七日）にサンフランシスコに着き、三月一九日（五月八日）サンフランシスコを出発し、途中ホノルルに寄って、五月五日（六月二三日）帰国した。[18]

遣米使節団は、サンフランシスコからパナマへ向かいパナマ鉄道で大西洋へ出て、そこから別の船に乗り継いでニューヨークからワシントンに到着し、国書をブキャナン大統領に手渡した。後日、一行はワシントン・ネイヴィヤードを訪問し、海軍造船所における製鉄・銃砲・砲弾等の製造から造船にいたる総工程を見学した。ポーハタン号乗組士官であったジョンストン海軍中尉（Lieutenant Johnston）は、この時の様子を以下のように述懐している。[19]

使節団一行は海軍工廠を訪問したとき、工廠内を一巡し各部の作業の視察を遂げた。次に機械部に案内され、ここでもペンサコーラ（フロリダ州）に据え付けのため製造中の大規模の機関を見て頻りに感嘆の言葉を発した。大砲部門では雷管の製造と充填作業、ミニェー銃用の弾丸製造、真鍮製榴弾砲の製造及びその仕上げ等を見ては新たな興味にそそられ、アメリカ人の技術の優れていることや仕事が大規模なことを今更の様に賞嘆した。このようにして使節一行はこれを見てアメリカ人の工夫力の豊かなことを十分に理解し、感動した。この後、使節一行を正面に、工廠の士官や使節随員、新聞記者を背後に並んで写真を撮った。それから、精巧なダールグレン砲と榴弾砲の射撃を見せると彼等は驚嘆の目で河の水面をかすめて飛ぶのを見守って居る様子はいかにも満足のように見えた。

小栗忠順は、この視察により、鉄の大量生産を可能とする製鉄所建設の必要性を痛感した。これが後の横須賀製鉄所の参考となった。小栗は、この時、造船所（製鉄部門）のネジを近代工業化のシンボルとして持ち帰ったという話が残されている。小栗忠順は、フィラデルフィアの造幣局では（井伊大老の示唆による）日本の小判とドル金貨との金の含有量分析を実施せしめ、それが不等価交換であることを認めさせるとともに、その見直しを求めた。その後、大西洋から希望峰を回り東南アジア経由で万延元年（一八六〇）九月帰国した。帰国後小栗忠順は、外国奉行、勘定奉行、江戸町奉行、歩兵奉行、陸軍奉行、軍艦奉行、海軍奉行等を歴任し、幕府陸海軍の確立・近代化に尽くした[20]。

とくにネイヴィヤードでの体験は、横須賀海軍工廠（横須賀造船所）へと結実することとなる。佐賀藩が幕府に献上した九万両の蒸気船修理用の製鉄機械は、三分の一が長崎製鉄所に収められ、また三分の二が横浜の石炭庫に運ばれていた。小栗は、フランス公使レオン・ロッシュ（ロセス、Michel Jules Marie Léon Roches）の協力支援のもとに、この献上機械を用いて横浜製鉄所を建設し、さらにこれと並行して横須賀造船所を建設していった。さらには、慶応二年（一八六六）の軍制改革にあたってはフランス軍制の導入を図った[21]。

幕府の軍制改革は、当初は江川一門を中心にオランダ軍制による改革がなされたが、後半は小栗忠順のフランス軍制が中心となった。遣米使節のネイヴィヤード訪問とそこにおける小栗忠順の技術格差解消に向けての決断は、その後の徳川幕府の近代化努力と明治後の発展の先駆けとなった。とりわけ製鉄所・造船所の建設は明治後の日本の発展を支えたといって差し支えないであろう。

むすびにかえて

帰途、ネイヴィヤード横のパブに立ち寄った。パブの壁には、ダールグレン通りのボンベカノンの白黒写真が提督の写真などとともに壁に掛けてあり、他国のカノン砲とは異形のこの大砲への強い関心が印象づけられた。

午後には国会議事堂前の国立航空宇宙博物館とナショナルギャラリーを見学した。国立航空宇宙博物館にはライト兄弟の飛行機からアポロ計画のスペースシャトルまで展示されている。そのなかでも、第二次世界大戦における各国の戦闘機・爆撃機とともに、わが国のゼロ戦も展示されていた。また、その壁面には当時の大戦（おそらく真珠湾攻撃）における日本艦隊の出撃図と、航空部隊と米艦隊の交戦図との大絵図がそれぞれ両面に掲げられていた。ハワイ真珠湾のアリゾナ号記念館とともにアメリカに行く機会があったら是非訪れると良いと思う。

ナショナルギャラリーは国立航空宇宙博物館の向かいにある。ここには世界の名画が多数展示されており、見応えのある多くの有名絵画が展示されて

近隣パブの壁に掲げられた
長州砲の写真

ポトマック河畔のショッピングモール

いた。また、国立自然史博物館、国立アメリカ歴史博物館等々、各種博物館やギャラリー等がある。この他にも、ニュース映像等によく出てくるワシントン記念塔やその近くには印刷局、ホロコースト記念館もある。

　また、ホワイトハウスの西には通りの街並みに添ってジョージワシントン大学の建物がある。さらに西北の郊外にはジョージタウン大学がある。ジョージタウン大学の周辺は大学町の雰囲気があり、ここは地元の人々や観光客が結構多く散策していた。この周辺のポトマック河畔で椅子に腰かけて瞑想に耽るのもわるくない風情であった。

【第七章注記】

（1）この大砲について、ネイヴィヤードの海軍歴史・遺産本部（Naval History and Heritage Command：NHHC）の学芸員David Manning氏およびJennie Ashton氏に問い合わせた。その返信によれば、この大砲は、イエーツ三・二五インチ元込施条砲（a Yates 3.25inch iron breech-loading rifle、約八ポンドカノン砲）であり、おそらく試験的に作成されたものであろう。また後ろの二門はトレッドウェル三二ポンド滑腔砲（32pounder iron Treadwell smoothbores）とのことであった。

（2）一五〇ポンドペキサンス青銅砲に関しては、薩摩藩の大砲が靖国神社遊就館前に残されている。その説明によれば「一五〇封度陸用加農砲　この砲は嘉永二年（一八四九）、薩摩藩で鋳造、天保山砲台に据付けられていたもので、明治初年大阪砲兵工廠が砲身に施條（ライフル）を施した。口径（施条後）二九〇ミリメートル、全長四二二〇ミリメートル」とある。条線（螺線）は八本である。また、尚古集成館館長松尾千載氏によれば、薩摩藩の六〇ポンドペキサンス砲も戦前には存在していた。これは、写真に残されている。

（3）斎藤利生「米国にあった幕末長州の台場砲」『兵器と技術』一九八七年五月号、二八―二九頁。斎藤利生「英国ポーツマスの長州砲」『兵器と技術』一九八七年一一月号、三六頁。中本静暁「下関戦争で四ヶ国連合艦隊によって接収された台場砲―英国側史料の中に現存する大砲を探す―」『長州の科学技術〜近代化への軌跡〜』第三号、二〇〇八年。道迫真吾「米国に現存する『長州砲』の調査報告―新しく発見した刻銘を中心に―」『長州の科学技術〜近代化への軌跡〜』第四号、二〇一一年。この詳細に関しては拙稿「幕末のボンベカノン砲について―ワシントンＤＣネイヴィヤードの長州砲を中心として―」『伝統技術研究』第一二号、二〇一九年、二八―四九頁参照。

（4）開陽丸青少年センター『開陽丸』一九九〇年、一四頁、五一頁。

（5）砲術史料『八〇ポンドボンベカノン諸規則』嘉永六年（一八五三）頃、郡司千左衛門家伝・萩博物館蔵。拙稿「嘉永期長州藩における西洋兵学受容と大砲技術―ペキサンス砲の衝撃―」『伝統技術研究』第六号、二〇一四年、二五―二六頁。拙著『幕末の長州藩―西洋兵学と近代化―』鳥影社、二〇一九年、七五―七八頁、八九頁。

（6）斎藤前掲論文（「米国……」）、二〇―二一頁参照。古川薫『幕末長州藩の攘夷戦争―欧米連合艦隊の来襲―』

中公新書、一九九六年、一八二頁。英文は以下のとおり。

JAPANESE　36-POUNDER　BRONZE GUN

This gun was part of the armament of the batteries guarding the Shimonoseki Straits, bombarded and silenced on 5-6 September 1864, by an allied naval squadron which included the chartered American armed steamer Ta Kiang. This operation is credited with ending a growing anti-foreign movement in western Japan. The prominent bases for front and rear sights, of particular importance for long-range seacoast gunnery, are unusual.

(7) 有坂鉊蔵『兵器考―砲熕篇一般部』雄山閣、一九三六年、二〇四頁。

(8) 斎藤前掲論文（「米国……」）、二三―二四頁。

(9) 長府毛利家『毛利家乗　十二』防長資料出版社、一九七五年、「巻之三十二　元周公六」文久三年（一八六三）三月、十一丁。下関市文書館編『資料　幕末馬関戦争』三一書房、一九七一年、三五頁。ついで、佐賀藩の三六ポンド砲と比較してみても、その外観（照星、照門、砲尾のノブ等）は明瞭に異なっている。また、オランダ軍艦の備砲についても三六ポンド砲に相当するものは全く見当たらないとされる。斎藤前掲論文（「米国……」）、二六―二八頁。

(10) 斎藤前掲論文（「米国……」）、二四―二五頁、二九頁。なお、砲尾の特殊な形態はロープをこれに掛けておいて大砲発射時の反動を押さえるためのものであり、艦載砲の特徴を示している。

(11) 斎藤前掲論文（「英国……」）、三九頁。詳細な検討は次拙稿を参照されたい。拙稿前掲（「幕末のボンベカノン砲……」）、三九―四一頁。

(12) 末松謙澄『修訂　防長回天史』柏書房、一九六七年、二一七頁、二一九頁。小川亜弥子『幕末期長州藩洋学史の研究』思文閣出版、一九九八年、八七頁、一四三―一四四頁、二四六頁。

(13) 末松前掲書、二一七頁。「赤間関海戦紀事」古川薫『幕末長州藩の攘夷戦争―欧米連合艦隊の来襲―』中公新書、一九九六年、二二二頁所収。下関市文書館編前掲書、二一頁。これらのボンベカノンは、前注（9）に述べたように、佐賀藩の三六ポンドボンベカノン砲とは形状（とくに砲尾の形状）を異にする。秀島成忠『佐賀藩銃砲沿革史』肥前史談会、一九三四年、第五九図（銅製砲）、第六二図・第六六図（鉄製砲）。斎藤前掲論文（「米国……」）、二六―二九頁。この三〇ポンドボンベカノン砲がどこで作られたか、萩の沖原鋳造方か、松本の鋳造所か、あるいは反射炉や軍艦造船所に近い姥倉の鋳造所か興味深いところである。
(14) 拙著前掲、六〇頁参照。
(15) 末松前掲書、四四八頁。拙著前掲、一五二頁。
(16) 職人（鋳物師）としてはむしろ形から入り、図面に従って忠実に造ることが当然と思われる。また、他藩からの大砲購入に関しては、高杉晋作が、文久三年の下関砲撃戦後に久留米藩を介して佐賀藩から大砲を購入することを企図した。しかし、これは最新型の大砲（施条砲）の取得であり、しかもこの話は立ち消えになったとみられる。末松前掲書、四五四頁。拙著前掲一五六頁。
(17) 村上泰賢『小栗上野介―忘れられた悲劇の幕臣』平凡社新書、二〇一〇年、三七頁。
(18) 勝海舟は、帰国後、蛮書調所頭取・天守番頭となり、文久二年（一八六二）には講武所砲術指南役・軍艦操練所頭取から軍艦奉行並に進んでいる。石井孝『勝海舟』吉川弘文館、一九八九年（新装版）、一五―二〇頁。
(19) 阿部道山『海軍の先駆者小栗上野介正傳』海軍有終会、一九四一年、八九―九〇頁。
(20) 村上前掲書、五四―一〇六頁、一〇九、一一五頁。
(21) 武田楠雄『維新と科学』岩波新書、一九七二年、一一四―一一七頁。阿部前掲書、九一―一〇二頁、一二六―一二七頁。神長倉眞民『仏蘭西公使ロセスと小栗上野介』ダイヤモンド出版、一九三五年、五三―五五頁、

八四―一〇九頁、一四五―一四八頁。村上前掲書、一一二頁、一四八頁。

第八章　海を渡った大砲の種類

――長州側資料とヘイズ・リスト――

一　使用された大砲の種類

（一）長州側資料

元治元年の連合艦隊との戦闘において長州側がどのような大砲を使用したかについて、長州側の資料としては、長府毛利家編纂所による整理資料「元治甲子前田壇浦始め台場手配の事」（以下「台場手配の事」と略称）、『防長回天史』、『奇兵隊日記』等と関連データ（壇ノ浦八〇ポンド砲等の当時の記述、安尾家文書等）があげられる(1)。

最も詳細に記録されているのは、「台場手配の事」であろう。また、壇ノ浦砲台の備砲については異説があるが、『奇兵隊日記』は実際に守備していた奇兵隊の記録であり、これがより事実に近いとみられる。これらの記録をもとに長州側の資料による各砲台の備砲を一覧表示すれば次頁のようになる。

長州側資料による各砲台備砲			
No.	砲台（台場）	備砲（数）	砲数
1	長府	古流三貫目(10)、12 斤(2)、不明(18)、24 斤(2)、18 斤(3)	35
2	黒門口	6 斤(3)、3 斤(2)	5
	百町	24 斤(2)、18 斤(3)	5
3	茶臼山	20 寸臼(3)、15 寸臼(2)	5
4	角石・前田上	24 斤長(6)	6
5	前田下	80 斤長(1)、24 斤長(1)、24 斤短(1)、18 斤長(4)	7
6	洲岬（洲先）	150 斤長(1)、80 斤短（1）、30 斤長(2) 、24 斤長(3)、18 斤長(2)**野戦砲（3；←杉谷）	12
7	籠建場(杉谷)	29 拇ボンベン(1)、15 寸臼(1)、20 寸長和微砲(1)	3
8	壇ノ浦台場	80 斤(1)、30 斤(4)、18 斤(2)、15 拇忽(2)、12 斤(3)、6 斤(1)	13
9	弟子待台場	古流鎮城砲(1)、3 貫目筒（5）、2 貫目筒（4）	10
10	宮の原台場	1 貫目筒(5)、野戦砲百目筒（5）	10
		合　計	111

（斤＝ポンド、拇＝ドイム＝cm）（「元治甲子前田壇浦始め台場手配の事」・「防長回天史」・「奇兵隊日記」等参照[2]）

このような長州側の資料は戦闘開始前の備砲記録であり、その大砲の「斤＝ポンド」や「貫目等」は、砲弾の大きさに基づく口径の単位であり、その口径によって砲種がある程度特定できるようになっている。(3) 例えば貫目は和流大砲について使用され、斤（ポンド）は洋式大砲についておもに使用される。

なお、長州側資料における六斤砲や三斤砲は野戦砲（山野砲）に含めることができるであろう。六斤（ポンド）砲はかつて江戸で鋳造され大森で試射した大砲（六ポンド軽砲）と同種とみれば野戦砲あるいは移動型の山野砲として位置づけられうる。また、三斤砲は万延・文久期に山野砲として長州藩や佐賀藩で造られた。[4]六斤（ポンド）周発台に搭載された大砲は、和流（天山流・荻野流）の大筒（五百目筒）である。

（二）使用大砲の種類

このように様々の種類の大砲が各砲台に配備されていたことがわかる。使用された大砲の特徴を知るためにとりあえず大砲の種類別に分類整理しておく必要があるであろう。

大砲の種類としては、すでにみてきたようにカノン砲、忽砲、臼砲に大きく区分される。そして、カノン砲としては、まず、それが和流大砲（和式大砲）か西洋流大砲（西洋式大砲）かの区分が可能である。カノン砲はまた、固定した砲架に搭載される要塞砲（台場砲）と移動型の砲架に搭載される野戦砲とに区別される。要塞砲としてのカノン砲はさらに口径別に分類されるが、基本的には、一五〇ポンド砲、八〇ポンド砲、二四ポンド砲、一八ポンド砲といった西洋式大砲と、三貫目玉砲、二貫目玉砲、一貫目玉砲といった和流大砲とに区分される。

ポンドは斤で示される。一貫目玉というのは一ポンドが四五三・六グラムであるから八・二七ポンド（＝三・七五÷四五三・六）の砲弾を発射する大砲に相当する。同様に二貫目玉砲は一六・五四ポンド、三貫目は二四・八一ポンド砲に相当する。

これに対し、野戦砲は移動型の大砲である。一二斤（ポンド）砲というのは野戦砲であるが、一貫目玉砲よりも口径は大きい砲弾を発射する。また、六斤（ポンド）軽砲はペリー来航時に長州藩が江戸で造った新造大砲であるが、その演習における操作方法からみて記録に見る限り野戦砲に含まれる。また、この

砲種	砲台（砲数）	砲数
150p 斤	洲崎(1)	1
80 斤	洲崎(1)前下(1)壇浦(1)	3
30 斤	洲崎(2)壇浦(4)	6
24 斤	城山(2)百町(2)角石(6)前下(2)洲崎(3)	15
18 斤	城山(3)百町(3)前下(4)洲崎(2)壇浦(2)	14
古流三貫目筒	城山(10)彦島(1)	11
三貫目筒	彦島(5)	5
二貫目筒	彦島(4)	4
一貫目筒	彦島(5)	5
12 斤野戦砲	城山(2)洲崎(3)壇浦(3)	8
6 斤(軽砲)	黒門(3)壇浦(1)	4
3 斤砲	黒門 (2)	2
野戦百目筒	彦島(5)	5
臼砲計	茶臼(5)籠建(2)	7
忽砲計	籠建(1)壇浦(2)	3
不明その他	城山(18)	18
総計		111
*砲台、城山=長府、黒門=黒門口、百町・茶臼＝百町／茶臼山、角石・前上＝角石前田上、前下＝前田下、洲崎、籠建=籠建場、壇浦=壇ノ浦、彦島＝弟子待・山床		

六斤砲の中には天山流の周発台に搭載された五百目玉砲もここに含めることができる。三斤砲は万延元年（一八六〇）頃に導入された西洋式の山野砲（山用砲）である。[5] したがって、これらの六斤軽砲、周発台砲、三斤砲、百目筒もここでは野戦砲として位置づけることができる。

（三）連合艦隊側史料――ヘイズ・リスト――

これに対し、連合艦隊側に関しては各国の戦記等があげられるが、わけても、大砲に関する資料としては英国側の資料が最も詳しいとみられる。これには、英軍艦ターター号のヘイズ（L. M. Hayes）艦長がキューパー提督の命令によって作成したリスト（以下、ヘイズ・リスト）が有名である。これは接収した大砲の国別配分リストである。

四か国に配分された大砲に関するヘイズ・リストでは、第二章ですでにみてきたように、砲種として青銅砲、臼砲、榴弾・忽砲、野戦砲に大きく区分されている。そして、各大砲について、（a）表番号（表№）、（b）識別番号つまり砲耳刻印番号（識別№）、（c）接収艦名、（d）砲種［青銅砲、臼砲、忽砲・榴弾砲、野戦砲］、（e）砲長f（フィート）・inch（インチ）、（f）口径inch（インチ）、（g）重量t（トン）、（h）配分国［英二六、仏一四、蘭一三、米一、計五四門］がそれぞれ記録されている。[6]

なお、ヘイズ・リストにおける砲長と口径に関してはフィート・インチで示されている。しかし、わが国ではメートル、センチメートルのほうが慣れ親しんでいる。そこで、中本静暁氏によるメートル・センチメートルへの換算を含む一覧表を参考にして[7]、このヘイズ・リストを各国別に示しておこう。

まず、英国の二六門はつぎの通り。

表番	識番	艦名	砲種	砲長(f.in/cm)		口径(in/cm)		重t	国
1	1	EU	青銅	9f6	290	11	27.94	6	英
2	2	EU	臼砲	2f9	84	13	33.02	2	英
3	17	TAR	青銅	5f5	165	3.5	8.89	1	英
4	18	TAR	青銅	5f4	163	3	7.62	1.5	英
5	19	TAR	忽砲	3f11	119	5	12.7	1.25	英
6	20	TAR	青銅	5f2	158	6	15.24	1	英
7	5	SEM	青銅	11f2	341	5.5	13.97	2.75	英
8	28	DJ	青銅	5f6	168	6	15.24	0.5	英
9	29	DJ	青銅	6f6	198	3.5	8.89	0.75	英
10	33	DJ	青銅	5f6	168	6	15.24	0.5	英
11	55	CON	青銅	8f6	259	7	17.78	2	英
12	56	CON	青銅	11f6	351	6	15.24	3	英
13	38	BAR	青銅	13f10	422	10	25.4	4.5	英
14	39	BAR	青銅	10f6	320	6	15.24	3.5	英
15	42	LEO	青銅	8f4.5	255	8.5	21.59	2.5	英
16	43	LEO	青銅	10f9	328	6	15.24	2.75	英
17	44	LEO	青銅	10f9	328	6	15.24	2.75	英
18	45	LEO	青銅	10f9	328	3.5	8.89	2	英
19	46	LEO	青銅	7f1.5	217	6	15.24	1.5	英
20	48	ARG	青銅	10f3	313	5.5	13.97	2	英
21	49	ARG	青銅	9f9	297	4.75	12.07	1.5	英
22	*	ARG	青銅	9f9	297	4.75	12.07	1.5	英
23	*	ARG	青銅	6f10	208	6.25	15.88	1.5	英
24	*	PER	青銅	6f10	208	4	10.16	0.75	英
25	*	PER	青銅	5f10	178	6	15.24	0.75	英
26	*	PER	野戦	6f6	198	4.5	11.43	1	英

フランスの一四門は次の通り。

表番	識番	艦名	砲種	砲長(f.in/cm)		口径(in/cm)		重t	国
27	4	SEM	青銅	11f6	351	6	15.24	2.75	仏
28	7	SEM	青銅	8f6	259	6	15.24	2	仏
29	8	SEM	青銅	8f6	259	6	15.24	2	仏
30	9	SEM	青銅	11f6	351	5.5	13.97	2.75	仏
31	10	DP	青銅	9f6	290	4	10.16	0.75	仏
32	11	DP	野砲	6f6	198	6	15.24	0.5	仏
33	12	DUP	榴弾	4f6	137	7	17.78	0.25	仏
34	13	DP	青銅	7f6	229	5	12.7	2	仏
35	14	DUP	青銅	8f6	259	7	17.78	2	仏
36	15	DP	青銅	6f6	198	3.5	8.89	1	仏
37	27	AMS	臼砲	6f6	198	8	20.32	0.25	仏
38	30	DJ	青銅	6f6	198	3.5	8.89	0.75	仏
39	31	DJ	榴弾	3f6	107	6	15.24	0.5	仏
40	41	LEO	青銅	8f6	259	9	22.86	5	仏

オランダの一三門とアメリカの一門は次の通り。

表番	識番	艦名	砲種	砲長(f.in/cm)		口径(in/cm)		重t	国
41	3	SEM	青銅	11f2	341	5.5	13.97	2.75	蘭
42	16	MED	青銅	9f2	280	4	10.16	1	蘭
43	21	M-K	青銅	9f6	290	4	10.16	1.25	蘭
44	22	M-K	青銅	6f1	186	4	10.16	0.75	蘭
45	23	M-K	青銅	6f1	186	3.25	8.255	0.75	蘭
46	24	M-K	榴弾	4f1	125	6.5	16.51	0.5	蘭
47	25	M-K	榴弾	4f1	125	6.5	16.51	0.5	蘭
48	26	AMS	野砲	5f6	168	4	10.16	0.5	蘭
49	33	DJ	青銅	5f6	168	6	15.24	1	蘭
50	34	CON	青銅	10f6	320	5.5	13.97	2.75	蘭
51	37	CON	青銅	10f6	320	5.5	13.97	2.75	蘭
52	40	BAR	青銅	10f6	320	5.5	13.97	3	蘭
53	47	LEO	青銅	7f1.5	217	6	15.24	1.5	蘭
54	6	SEM	青銅	8f1.5	248	6	15.24	2	米

ここで、先のヘイズ・リストについて各国に分配された大砲の種類について整理すれば次のようになるであろう。

砲種＼配分国	英	仏	蘭	米	砲種合計
カノン砲	7	4	4	0	15
爆砲*	5	2	1	1	9
和式大砲	10	4	5	0	19
野戦砲**	2	1	1	0	4
忽砲	1	2	2	0	5
臼砲	1	1	0	0	2
各国合計	26	14	13	1	54

*爆砲は、ボンベカノン砲のこと、ここには 80 ポンド砲(ペキサンス砲)と 30 ポンド砲が含まれる。

**6ポンドカノン砲（英）は野戦砲に含めている。

この他にも、各砲台占拠時の大砲の記録としては英陸戦隊長ヘンリー・レイ（Henry Wray）工兵少佐の報告資料がある。[8] これは、第二日目の上陸戦時における各砲台備砲の記録であるが、ここでは省略する。[9] また、英国外交官アーネスト・サトウ（Ernest M. Satow）は、八月七日にアレキサンダー大佐に随伴して上陸し、戦闘の状況をつぶさに記録している。[10]

二　ヘイズ・リストの分析と砲耳の識別番号

ヘイズ・リストのうち、それぞれの大砲がどのような種類の大砲であるのかを判断するために、リストの原資料に対して砲種別・口径別・砲長別にさまざまに分析・整理する必要がある。その際に、特にカノン砲の種類を特定するにあたり、具体的なデータとして各国に残された大砲の識別№と形態、口径・砲長の実測値等が当該大砲だけでなくこれに類似する大砲の類型を推定する際に大いに役に立つ。これまでみてきた、各国の大砲とその砲耳に刻まれた識別番号について、一覧表示すれば、次の表のように示される。

	砲種		識別No.	確認者・備考
英	荻野流１貫目玉青銅砲	喜平治砲	29	道迫真吾氏[11]／萩博物館里帰り中発見
		富蔵砲	17	筆者／筆者写真より確認
仏	荻野流１貫目玉青銅砲		15	田中洋一氏・筆者[12]／筆者写真確認
	24ポンド洋式カノン砲		9	田中洋一氏／アンヴァリッド中庭
	18ポンド洋式カノン砲		7	郡司尚弘氏／アンヴァリッド北門
蘭	銀象嵌砲身断片		44？	中本静暁氏推定／口径10cm、重量70kg
	12ポンド野戦砲		26	筆者／古川薫氏発見／筆者識別No.と推定[13]
米	30ポンドボンベカノン砲		6	砲耳判別不能、1門のみ配分

ポーツマスの長州砲（三木繁吉少佐の調査）

	材質	長さ	口径
①ボンベカノン砲	ガンメタル（銅合金）	84.0吋（213.36cm）	7.5吋（19cm）
②忽砲（喜平治作）	同	37.0吋（93.98cm）	6.3吋（16cm）
③ペキサンス砲	ブロンズ	106.0吋（269.24cm）	11.0吋（28cm）

これらの識別番号に対応する表番号や、国別の分配関係等からヘイズ・リストのこれ以外の大砲の種類を具体的に類推する上に大いに役立つこととなる。これらの大砲のうち、切断により不明なのはオランダの長府砲断片であるが、これに関しては口径と和流大砲ということがわかっているので、それを手掛かりにすることができるであろう。また、ワシントン・ネイヴィヤード（海軍工廠）の大砲については砲耳部分の腐食が酷く写真を拡大しても判明できない。しかし、米国には一門しか分配されていないので、ヘイズ・リストの識別No.がそのままあてはまるとみて差し支えない[14]。

さらに、これまでにある程度判明している特徴のある大砲としては、ポーツマスの三門の大砲と、長府で作られた最長の一五〇ポンド長身カノン砲があげられる。

ポーツマスの大砲に関しては、外形からす

れば八〇ポンドボンベカノン（ペキサンス砲で肉厚）、三〇ポンドボンベカノン砲、そして喜平治作の忽砲である。また、これに関しては前述のように三木繁吉少佐の調査がある[15]。これらの大砲がヘイズ・リストのどれにあたるかは、斎藤利生氏や中本静暁氏の推測を参考にすれば表No.一九（ボンベカノン砲）、No.五（忽砲）、No.一（ペキサンス砲）があてはまるであろう[16]。

三　カノン砲の砲種別分類

ヘイズ・リストでは、砲種として、青銅砲、臼砲、榴弾・忽砲、野戦砲に区分されている。青銅砲には、実弾中心のいわゆるカノン砲（加農砲）とボンベン弾を発射するボンベカノン砲（爆砲）のような西洋式大砲や、旧式の和流大砲までさまざまのものが含まれている。一般的にはカノン砲の分類にあたって口径を中心とすることが多い。しかし、すでに見てきたように幕末の長州藩では砲腔を拡大鑽開してより大きな口径にして使用することが多く見られた。このこともあって、ヘイズ・リストについて、口径だけでその大砲とくにカノン砲の種類を判断することは至難の業である。例えば、口径からみて、一五〇ポンド以上のカノン砲は、No.一（口径一一インチ、砲長九フィート六インチ）とNo.一三（口径一〇インチ、砲長一三フィート一〇インチ）である。No.二は、最大口径であるが臼砲（口径一三インチ、砲長二フィート九インチ）であるから除外される。一五〇ポンド砲は長州側の最大最長の大砲であったとされる。となると、No.一の大砲は口径としてはカノン砲で最大であるが、砲長は二九〇センチでNo.一三の大砲よりもはるかに短く、むしろ砲長四メートルを超えるNo.一三の大砲こそが一五〇ポンドカノン砲にあたると考えられる。このようにヘイズ・リストにおける砲種の分析にあたっては口径だけでなく、砲長についても併せて検討する必要がある。

しかも、特にカノン砲の場合は当時の大砲種類は外形特に砲長から判断する方がより適切な場合が多い。そこで、ここでは、砲長を中心に区分するほうが、分かりやすいであろう。

（一）大砲の砲長別分類法

前述のように一般的にはカノン砲の分類にあたっては、口径によることが多い。しかし、幕末の長州藩では砲腔を拡大鑽開（穿孔）してより大きな口径にして使用することが多くみられた。このこともあって、ヘイズ・リストについても、口径だけでなく砲長についても併せて検討する必要がある。しかも、特にカノン砲の場合は当時の大砲種類は外形特に砲長がほぼ同じことが多い。そこで、ここでは、むしろ砲長を中心に区分して検討するほうがわかりやすいと思われる。

下関戦争において使用され、各国へ配分された大砲（青銅カノン砲）を整理するにあたっては、砲身の長さ（砲長）により[17]、

（一）三㍍以上の青銅砲は長身（カノン）砲、
（二）二㍍以上三㍍未満の青銅砲は中身（カノン）砲、
（三）二㍍未満の青銅砲は短身（カノン）砲

に区分することができる。この砲長による時は、事前の長州側における砲種がある程度正確に対応させることができる。

（一）三㍍以上の長身（カノン）砲―一五〇ポンド砲（四㍍超）二四ポンド・一八ポンド砲、
（二）二㍍以上三㍍未満の中身（カノン）砲―ペキサンス砲、ボンベカノン砲、三貫目玉砲、二貫目玉砲

（三）二㍍未満短身（カノン）砲―古流三貫目玉砲、一貫目玉砲

　そこで、ここでは、砲長を中心に区分し、その中で口径の大きい順に並べてみればより具体的な判断が可能となると考えられる。その詳細な分析は別の拙稿に譲るとして、ここでは先の大砲の種類の国別分類についてもう少し細分してみれば、次のようになる。

　この表からも明らかなように、同じ種類の大砲であっても砲長が様々に異なるのは鋳造時の誤差もあるであろうが、測定の仕方が砲尾の突出部（宝珠のような部分）あるいは一貫目筒のように砲匡部分を含む場合と含めない場合もあったと思われる。しかし、いくら異なっても五〇㌢さらには一㍍を超えることはない。

砲種＼配分国		砲長（cm）	口径（cm）	英	仏	蘭	米	合計
150p砲		422	25.4	1	0	0	0	1
24p砲*1		320-351	13.97-15.24	5	2	4	0	11
18p砲*2		実 306-313	実 13.8-15.24	1	2	0	0	3
80pペキサンス砲		255-290	21.59-27.94	2	1	0	0	3
30pボンベカノン砲*3		208-2591	15.24-実 19	3	1	1	1	6
和式大砲	古流三貫目玉	158-178	15.24	4	0	1	0	5
	三貫目玉*4	229-297	12.065-12.7	2	1	0	0	3
	二貫目玉	208-290	10.16	1	1	3		5
	一貫目玉	165-198	8.255-8.89	2	2	1		5
不明（一貫目玉長砲？）		328	8.89	1	0	0	0	1
野戦砲*5		163-198	7.62-15.24	2	1	1	0	4
忽砲		119-17.78	15.24-17.78	1	2	2	0	5
臼砲		84.198	20.32-33.02	1	1	0	0	2
各国合計				26	14	13	1	54

*1 うち砲長 351cm3 門（英仏 2）、341cm2 門（英蘭）、328cm2 門（英）、320cm4 門（英蘭 3）。口径は 15.24cm5 門、13.97cm6 門、*2 砲長 313cm 口径 13.97cm1 門（英：24p砲かも）、砲長 259cm 口径 15.24cm2 門（仏、実測砲長 306cm 口径 13.8cm）、*3 砲長 259cm 口径 17.78cm2 門(仏英)、砲長 217cm 口径 15.24cm3 門（英蘭米、米実測 244cm 18.0cm）、他の 1 門砲長 208cm 口径 15.875cm（英、ポーツマス可能性大、実測砲長 213.4cm 口径 19cm）*4 うち 1 門は砲長 229cm 口径 12.7cm(仏)、他は 297/12.065cm。*5 6 ポンドカノン砲を含む。

口径の方は、外形による砲種の口径と異なることが多い。これは当初の口径よりもより大きな砲弾を発射できるように鑽開（穿孔）したことによるとみられる。

そこで、もちろんヘイズ・リストにおける砲長と口径のみから砲種を推定することは不可能に近い。少なくとも事前の長州側の砲種に関する一般的な砲長及び口径等のデータが重要である。さらに、現存する、あるいは存在した各国における大砲の砲長及び口径の実測データとともに実際の調査による外形の確認（写真）さらに砲耳に刻まれた識別番号によって砲種の分析は著しく進展したといってよい。

とはいえ、ヘイズ・リストにおける口径から見た砲種の分析についても、一応これまでの分析を基礎にして各砲種の口径を基準とするポンド別の内容についてみてゆけば、下の表のように示される。

砲長・外形基準による砲種		口径(cm)	合計	口径基準による砲種
150p 砲		25.4	1	150p
24p 砲		13.97-15.24	11	24p-30p
18p 砲		実 13.8-15.24	3	18p-30p
80p ペキサンス砲		21.59-27.94	3	80p-150p 超*1
30p ボンベカノン砲		15.24-実 19	6	30p-36p 超*2
和式大砲	古流三貫目玉	15.24	5	30p 相当
	三貫目玉	12.065-12.7	3	24p
	二貫目玉	10.16	5	15p
	一貫目玉	8.255-8.89	5	9p
不明（一貫目玉長砲？）		8.89	1	9p
野戦砲		7.62-15.24	4	4p-30p
忽砲		15.24-17.78	5	30p-36p
臼砲		20.32-33.02	2	50p-150p 超
各国合計			54	

*1　英ポーツマスのペキサンス砲

*2　米ネイヴィ・ヤードの30p拡大「36p」砲（斎藤説 52p 相当）(18)

この口径基準による砲種区分にあたっては、口径を拡大鑽開する理由が推測される。もちろんより大きな砲弾を発射したいわけであろうが、例えば、二四ポンドカノン砲や一八ポンドカノン砲は、単により大きな三〇ポンド実弾（あるいは炸裂弾）を使用するためとみることができる。

次にボンベンカノン砲のとくにペキサンス砲に関しては、長州藩は八〇ポンド砲を制式とし、一五〇ポンドペキサンス砲は経費の観点から採用しないことを藩是としていた。このことから、一五〇ポンド砲はさすがに避けたものの、実質的に一五〇ポンドボンベン弾を発射できる肉厚の外見的（砲長的）には八〇ポンド砲を一門だけ鋳造したものと推測される。したがって、奇兵隊日記等には外形的には八〇ポンドペキサンス砲として記録されたものと考えられる。

ここで、ヘイズリストの口径を中心とするカノン砲の砲種について、これまでの事前（長州側）の砲種と対比してみれば次のようになるであろう。

ここではとくに最大口径（八〇ポンド砲鑽開拡大一五〇超）のペキサンス砲が注目される。その口径は一一インチ（二七・九四センチ）、砲長は九フィート五インチ（二九〇センチ）重量は六トンである。一一インチ砲といえば、日露戦争で活躍した一一インチ砲ないし二八糎榴弾砲が想起される。この大砲は明治一七年（一八八四）に大阪砲兵工廠でイタリア式二八センチ榴弾砲を参考に製造されたものであり、このイタリア式榴弾砲はさらにドイツのクルップ式を採用したものとされる。[19]

なお、ペキサンス鉄製砲の初期の諸元は、口径二二センチ（八・七インチ）、砲身の全長九フィート四インチ重量三一・三六トンとされる。[20] 他の二つのペキサンス砲は重量がすこし少ないが、いわゆる八〇ポンドペキサンス砲の規模とほぼ同じである。これに対し、表No.一のペキサンス砲はすべてにおいて他の二つのペキサンス砲とは著しく異なっている。しかも、この大砲は、八〇ポンドペキサンス砲にしては他の二門と比べて、肉厚すぎて不格好でさえある。

ペキサンス砲は藩の方針に従って、表向きは八〇ポンド砲として扱われたにせよ、明らかに一五〇ポンド超砲として鋳造・拡大鑽開されたことは確かである。そして、この一五〇ポンド超砲の不格好さは日露戦争の一一インチ榴弾砲と対比してみるときは重量はそこまで大きくないものの、外形的な類似性はむしろ先駆的であり、かえって頼もしく映るといえば言い過ぎであろうか。

三〇ポンドボンベカノン砲に関しては三六ポンド砲（斎藤説五二ポンド）まで拡大鑽開されたものが存在する。また、二四ポンド砲は三六ポンド砲に拡大されたものが存在し、一八ポンド砲は二四ポンド砲から三六ポンド砲まで拡大されたものがみられる。しかし、それぞれがそれより上位（大型の大砲）の口径を上回っていないとみられる。

砲種（事前の砲種）	口径（cm）	合計	口径基準による区分
80p（拡大）ペキサンス砲	27.94(11inch)	1	150p 超
150p 砲	25.4	1	150p
80p ペキサンス砲	21.59	2	80p 超
30p ボンベカノン砲	15.24-実 19	6	30p-36p 超
24p 砲	13.97-15.24	11	24p-30p
18p 砲	実 13.8-15.24	3	18p-30p

ペキサンス砲と11インチ榴弾砲〈明治〉

表番	識番	砲種	砲長（f.in/cm）		口径（in/cm）		重t	備考
1	1	青銅	9f6	290	11	27.94	6	萩　先込滑腔砲
11インチ榴弾砲			9f5	287	11	28.00	10.7	大阪　後込施条砲
40	41	青銅	8f6	259	9	22.86	5	萩　先込滑腔砲
15	42	青銅	8f4.5	255	8.5	21.59	2.5	萩　先込滑腔砲
初期諸元		錬鉄製	9f4	284.5	8.7	22	3	フランス開発

四　事前・事後比較分析

以上、元治元年の戦闘に関する事前の長州側史料における使用大砲の種類と、この間における欧米各地の長州砲に関する調査とに基づいて、ヘイズ・リストにおける各国に分配された大砲の砲種分析を行ってきた。さらに、以上の検討を踏まえて、長州側の事前における各種大砲の配備状況と、ヘイズ・リストの事後的な大砲の配分状況を対比してみることは、大砲の砲種を推定・確認する上に役立つと思われる。

その際に、長州側資料における六斤砲と三斤砲は洋式の野戦砲（山野砲）として位置づけることとした。前述のように六斤砲はかつて江戸で鋳造され大森で試射した大砲（六ポンド軽砲）と同種とみれば野戦砲あるいは移動型の山野砲として位置づけられる。六ポンド（五百目筒）周発台も同様に移動型山野砲として位置づけることもできるが、こちらは、むしろ和流（天山流・荻野流）の大筒（五百目筒）であり、一貫目筒などとともに和流大砲に位置づけている。

この砲種別の事前分析はいわば大砲の外形を中心とする分析であり、いわばこれまで検討してきた砲長基準による分析に相応する。ヘイズ・リストに基づく事後分析はいわば口径基準による分類に相応するということができる。この表に関して筆者は前著『幕末の長州藩―西洋兵学と近代化―』では、当初からペキサンス砲三門のうち一門は一五〇ポンド砲として実質的に鋳造され使用されたものと考えて、一五〇ポンド砲以上は二門、八〇ポンド砲が二門として表示した。しかし、これに関しては長州側にとくにそのような記録文書が存在しないので、その後事前は「一五〇ポンド砲は一門」とする方が適切であろうと考えるに到り、今回はそのように表示した。

砲種別比較分析表

砲種	事前	備考	事後	ヘイズ・リスト表 No.
150p 砲以上	1	150p 長砲(1)80p 拡(1) ：洲崎(2)	2	1,13
80p 砲以上	3	80p 爆(2) ：前下(1)壇浦(1)	2	15,40
30p 砲以上	6	36p 爆(4)30p 爆(2)：洲崎(2)壇浦(4)	6	11,19,23,35,53,54
24p 砲相当	15	城山(2)百町(2)角石(6)前下(2)洲崎(3)	11	7,12,14,16,17,27, 30,47,50,51,52
18p 砲相当	14	城山(3)百町(3)前下(4)洲崎(2)壇浦(2)	3	20,28,29
古流三貫目筒	11	城山(10)彦島(1)	5	6,8,10,25,49
三貫目筒 30p	5	彦島(5)	3	21,22,24
二貫目筒 24p	4	彦島(4)	5	24,31,42,43,44
一貫目筒 9p	5	彦島(5)	5	3,9,36,38,45
不明その他	25	城山(18)、黒門 3 斤砲(2)、彦島百目筒(5)	1	18
カノン砲合計	89		43	
12p 拡野戦砲	8	城山(2)洲崎(3)壇浦(3)	3	26,32,48
6p 野砲(軽砲)	4	黒門(3)壇浦(1)	1	4
臼砲計	7	茶臼(5)籠建(2)	2	2,37
忽砲計	3	籠建(1)壇浦(2)	5	5,33,39,46,47
総計	111		54	

＊砲台、城山＝長府、黒門＝黒門口、百町・茶臼＝百町／茶臼山、角石・前上＝角石前田上、前下＝前田下、洲崎、籠建＝籠建場、壇浦＝壇ノ浦、彦島＝弟子待・山床

この比較に従えば、連合国側はカノン砲のうち半数を接収している。特に二四ポンド砲までの洋式カノン砲と三貫目から一貫目までの和流青銅砲の大半を持ち帰って分配している。また砲種によっては事前の配備数よりも多く接収されているが、これは戦闘の途中に周辺の武器庫からひきだして配備したことなどによるものと思われる。

なお、ペキサンス砲に関しては嘉永六年に郡司喜平治(右平次)が一門鋳造している。これは、おそらく郡司千左衛門が長崎・薩摩等に出向いて調べてまとめあげたとみられる『八〇ポンドボンベカ

ノン諸規則』を参考にして鋳造したものと思われる[21]。したがって、これは名・実ともに八〇ポンドボンベカノン砲として鋳造されたであろう。右平次はペキサンス砲を一門のみ鋳造している。その後のペキサンス砲については、千左衛門か郡司徳之丞の可能性が高いと思われる。

徳之丞は嘉永七年（安政元年）には右平次の弟子として葛飾砂村の藩別邸で二四ポンドや十八ポンドカノン砲の鋳造を手伝った。その後、引き続き御用相勤めライフル御筒（施条砲）その他のものを鋳造した。元治元年六月には御番所御雇いとなり、さらに慶応元年より小郡鋳造場に入り、佛蘭式御筒（フランス式大砲）、四斤ライフル御筒、八〇ポンド榴弾、二〇柵（柵《セン》）榴弾、四斤ライフル榴弾等多数製造している。また、四斤ライフル弾に関しては製造初度より新たな発明工夫を施したことも藩に上申している[22]。

四斤ライフルに関しては文久三年六月に右平次が完成し藩に献納している。他方、幕府がこの大砲を完成できたのは翌元治元年（一八六四）八月であり、しかもこの時は試射も行えない仕上りであった[23]。したがって、四斤施条砲に関しては幕府よりも一年以上早く完成させている。その場合にも、右平次の大砲鋳造は安政元年（一八五四）以降撫育方の業務が中心となっており、実に一〇年近いブランクがある。この四斤砲の製作にあたっては弟子の徳之丞が手伝っていた可能性が高い。徳之丞の勤功書ではその製造初度から四斤砲弾について工夫したことを強調している。これは当初から彼が四斤砲の製造に貢献したことを強調したものとみられなくもない。

かくて、元治元年の連合艦隊との戦闘においては実質的には一五〇ポンド超に口径拡大したペキサンス砲を配備して戦闘に臨んだということができる。それは後の一一インチ榴弾砲に非常に外形が似ることになった。ただし、長州側の記録ではあくまでも八〇ポンドペキサンス砲として記録されているが故に事前の砲長基準では八〇ポンド砲に位置づけることとした。

この比較によって砲種分類のすべてが完璧に解決したというわけではない。しかし、ある程度事前の配備と事後の分配状況の内容が明らかになったのではないかと思われる。

【第八章注記】

（1）「元治甲子前田壇ノ浦始め台場手配の事」下関文書館編『資料　幕末馬関戦争』三一書房、一九七一年、一五二―一六七頁。台場別の備砲一覧に関しては、図録『旧臣列伝―下関の幕末維新―』下関市立長府博物館、二〇〇四年、四四頁および添付資料参照。なお、「元治甲子前田壇ノ浦始め台場手配の事」ならびに後出の「赤間関海戦紀事」・「米英仏蘭連合艦隊下関攻撃に関する敵側の戦闘記事」については次著に所収されている。馬関開港百年委員会・下関郷土会編『馬関開港百年（郷土　第七集）』一九六四年、附録一―三五頁。ここでは下関文書館前掲書が注記（解説）を含んでいるのでこれを主に参考としている。

（2）五〇年後の古老の聞き書きによれば、萩（奇兵隊）の陣屋は角石にあり、火薬庫は御茶屋の台場と茶臼山の腰とにあった。台場は御茶屋（前田）に上下二台場があって大砲は二四門あった。椎の木の小台場にはボンベン臼砲二門、鳥越の小台場には野戦砲が二つ、洲崎の砲台一〇門、一五〇ポンド砲もあった。籠立場にはボンベン砲が三つ、杉谷台場には野戦砲が三門、壇ノ浦には二四門あった、とされる。「外艦撃壊五十年記念前田協和会略歴聞き書」下関文書館前掲書、二〇三―二〇四頁。

（3）これに関しては次の論文も参照。中本静暁「〈紹介と考察〉元治元年の下関戦争における主要砲台と備砲に関する欧米史料」『郷土』第四九集、二〇〇六年、三七頁。また、壇ノ浦台場の八〇斤砲に関しては、奇兵隊日記（壇ノ浦日記）では元治元年六月一五日には壇ノ浦砲台八〇斤一門と記載されており、以下では八〇斤一門と計算している。長府博物館前掲書、四四頁。拙稿「下関戦争で使用された大砲とその技術格差―各国に現存する大砲と長州側及び英国側史料とを中心として―」『銃砲史研究』第三八九号、二〇二〇年、一―二七頁参照。

（4）拙著『幕末の長州藩―西洋兵学と近代化―』鳥影社、二〇一九年、一四一頁。

（5）拙著前掲、一三五―一三六頁。

（6）PRO ADM125/118［Return of the distribution of Guns captured from the Japanese Batteries］(Her Majesty's Ship Tartar'、Straits of Shimonoseki, 20 September 1864).『英国公文書館　ADM125/118［日本の砲台から没収した大砲分配の成果］』(陛下の艦ターター号一八六四年九月二十日下関海峡)

（7）中本前掲論文、三八頁。

（8）Pro ADM125/118 {Return of the distribution of Guns captured from the Japanese Batteries}: Leo. M. Hayes, Return of the distribution of Guns captured from the Japanese Batteries by the Combined Squadron under the orders of Vice Admiral Sir A.I.Kuper, K. C.B in the Straits of Simono Seki. PRO, ADM 1/5877, Kuper to the Admiralty, No.354. 保谷徹「〈史料紹介と研究〉一八六四年英国砲兵隊の日本報告（三）」『画像資料解析センター通信』第二二号、二〇〇三年、一―一二頁所収。このレイ報告おける各砲台別の備砲と先の「元治甲子前田壇ノ浦始め台場手配の事」とを突合した図表は、次の論文にもみられる。中本静暁「下関戦争で四ヶ国連合艦隊によって接収された台場砲―英国側史料の中に現存する大砲を探す―」『長州の科学技術～近代化への軌跡～』第三号、二〇〇八年、一―一五頁参照。

（9）拙稿前掲、七頁参照。レイ報告書（PRO, ADM 1/5877, Kuper to the Admiralty, No.354.）は、保谷徹「〈史料紹介と研究〉一八六四年英国砲兵隊の日本報告（三）」『画像資料解析センター通信』第二二号、二〇〇三年、一―一二頁所収。

（10）Satow, E. M., A Diplomat in Japan, 1921, London, pp.105-115. 坂田精一訳『外交官の見た明治維新（上）』岩波文庫、一九六〇年、一二八―一四〇頁。

（11）道迫真吾「英国から里帰りした『長州砲』についての新情報」『長州の科学技術～近代化への軌跡～』第三号、二〇〇八年、四一―四二頁。

（12）田中洋一「下関戦争と長州砲」『維新史回廊だより』第一七号、二〇一二年。

（13）拙稿「オランダとパリのカノン紀行―海を渡った大砲を訪ねて―」『大阪学院大学通信』第三七巻三号、二〇〇六年、五六―五九頁。拙稿「オランダ・パリ・ロンドンの大砲―海を渡った長州砲―」『新・史都萩』第二二号、二〇〇七年、二頁。

（14）道迫前掲論文、四一―四二頁。田中前掲論文。拙稿「元治元年の下関戦争と四国連合艦隊に接収された大砲」『伝統技術研究』第九号、二〇一六年、三六―三八頁。

（15）有坂鉊蔵『兵器考―砲熕篇一般部』雄山閣、一九三六年、二〇四頁、二五三頁（忽砲）。斎藤利生「英国ポーツマスの長州砲」『兵器と技術』一九八七年一一月号、三六頁。

（16）中本静暁「幕末に使用された砲弾の度量衡―大砲の口径から弾丸の質量を推定する―」『伝統技術研究』創刊号、二〇〇九年、四六―四七頁。拙稿前掲（「元治元年の下関戦争と四国連合艦隊に接収された大砲」）、三九―四〇頁。

（17）長カノン、中カノン、短カノンという表現がよく用いられるが、この区分は、同一砲種のなかでの砲身の長短に使用される。たとえば、二十四ポンドカノン砲で、表No.二とNo.二四ならびにNo.三〇は、長カノン（三五一メートル）、No.七とNo.四一は、短カノン（三四一メートル）ということになる。それはしたがって、同一口径をもつ砲種の相対的な区分に用いられる。これに対し、砲長の絶対的な尺度として本稿では長身、中身、短身という表現を用いている。拙稿前掲（「下関戦争で使用された大砲とその技術格差」）、九頁。

(18) 斎藤前掲論文（「英国……」）、三九頁。本書一五九―一六〇頁。詳細な検討は次拙稿を参照されたい。拙稿「幕末のボンベカノン砲について―ワシントンＤＣネイヴィヤードの長州砲を中心として―」『伝統技術研究』第一二号、二〇一八年、三九―四一頁。

(19) 有坂前掲書、六二―六三頁。佐山二郎『大砲入門―陸軍兵器徹底研究』光人社ＮＦ文庫、一九九九年、七〇―七一頁。

(20) BooksLLC, Artillery of France, Tennesee, 2010, p. 111. また荘司武夫氏によれば、八〇ポンドペキサンス砲の最大射程は一四一〇㍍、二四ポンド砲の半分程度であるとされる。荘司武夫『火砲の発達』愛之事業社、一九四三年、一一〇―一一一頁。

(21) 萩藩砲術史料「八十封度伯以苦冊子佛郎西／砲術家　暴母柏加納諸規則（八〇ポンドペキサンス、フランス砲術家　ボンベカノン諸規則）」（郡司千左右衛門家伝・萩博物館蔵）。拙稿「嘉永期長州藩における西洋兵学受容と大砲技術―ペキサンス砲の衝撃―」『伝統技術研究』第六号、二〇一四年、二〇―二七頁。また、拙論の一部誤認に対する批判については次著を参照されたい。道迫真吾「幕末長州藩における洋式大砲鋳造―鋳物師郡司家を中心に―」『近代日本製鉄・電信の源流―幕末初期の科学技術』岩田書院、二〇一七年、一〇―一四頁。

(22) 郡司徳之丞勤功書、山本勉彌・河野通毅『防長ニ於ケル郡司一族ノ業績』藤川書店、一九三五年、三九頁。拙著前掲、二四六―二四七頁。

(23) 拙稿「江戸後期における長州藩の大砲鋳造活動考―右平次（喜平治）勤功書を中心として―」『伝統技術研究』第四号、二〇一二年、三〇―三二頁。大松騏一『関口大砲製造所』東京文献センター、二〇〇五年、九二頁、一〇三―一〇五頁。幕府の四斤施条砲はその後フランスから同砲を受け入れて初めて完成されたという。

第九章　幕末期における大砲の技術水準格差

はじめに

巷間、下関海峡、鹿児島湾での攘夷戦争において長州や薩摩は旧式の大砲によって戦ったためあっけなく敗北したといわれることがある。あっけなく負けたかどうかは、アーネスト・サトウが日本側もよく戦ったと感嘆したくらいであり、アヘン戦争と比べても、また連合艦隊側ないし英国側の防長征圧からさらに大坂等への進撃・制覇の意図を結果的に阻止できたことを考えれば、欧米連合艦隊に対して良く頑張ったというべきであろう。

問題は旧式の大砲の持つイメージである。旧式とはいえそれは和流の大砲ではなく、当時、欧州でも前年までは通常実戦に使用されていたレベルの大砲を、鉄製と銅製の違いはあるが、長州も薩摩も使用したのである。しかし、この数年の間に生じたイノベーションつまり技術革新（産業革命）の成果を導入する時間等がなかった。

まさに産業革命のまえに前年の薩摩と翌年の長州は敗北せざるを得なかった。技術革新の効果は、より具体的には蒸気動力によるアームストロング砲やパロット砲等の多量生産であり、それらを含む多くの大砲がライフル（線条）を刻んだ施条砲として製造されたことであろう。

これに対し、わが国ではそれ以前には標準的であった、ペキサンス砲やボンベカノン砲等の滑腔砲で防衛せざるを得なかった。この点は大砲だけでなく鉄砲も同様である。日本側はゲベール銃もしくは火縄銃のような滑腔銃であったのに対し、連合艦隊側はミニエー銃等のような施条銃（ライフル銃）を用い、戦闘法もいわゆる散兵戦闘術にみられるような新たな戦闘パターンを展開していた。[1] このような最新技術は、攘夷戦争の前年つまり文久二年（一八六二）に、上海で高杉晋作と佐賀の中牟田倉之助が実見し、同年遣欧使節団がロンドンで実際に見学した程度にとどまった。ここに技術格差・情報格差が生じ、この技術を導入するには時間的に間に合わなかったといってよい。[2]

一　下関戦争と薩英戦争との比較

文久三年（一八六三）七月に薩摩藩は英国艦隊と砲撃戦を展開している。いわゆる「薩英戦争」がこれである。前年の八月に発生した生麦事件の犯人の処刑と二万五千ポンドの賠償金を要求して、鹿児島に軍艦を派遣することを通告した。薩摩藩は、英国艦隊の来襲に備えて、砲台（台場）を増築した。城下・桜島・沖小島等の計一〇砲台に八〇門余りの大砲を配備した。[3] その砲種内訳は次頁の表のとおりである。なお、薩摩藩は反射炉によって鉄製大砲を鋳造したが、それらの品質は必ずしも良くなく、薩英戦争ではもっぱら銅製大砲を使用した。[4]

薩英戦争において薩摩藩の使用した大砲を砲種別に整理し、これと長州砲の事前の砲長・外形による名目的な分類と各国に分配された大砲の口径による実質的な分類の場合の砲数を整理比較すれば、両藩において使用した大砲がどのようであったかがより明らかになるであろう。そこではほぼ似たような種類の大砲が使用されたことがわかる。[5]

薩英戦争*	砲数	下関戦争	事前	分配
150 听爆砲	2	150p 超（80p 鑽開）爆砲、150p 長身カノン砲	1	2
80 听爆砲	3	80p 爆砲	3	2
80 封度加農	2	―		―
36 听爆砲	10	36p超（30p鑽開）爆砲（3）、30p 爆砲（3）	6	6
36 封度	12	30p 超（24p鑽開）長身砲	5	5
24 听砲	4	24p長身砲（10/6）、24p（18p鑽開）（3）	10	6
18 听砲	2	鑽開 24p（3）	14	3
三貫目砲	5	古流三貫目筒（11/5）・三貫目筒（5/3）	16	8
	―	一貫目（5）・二貫目筒（4/5；途中 1 門追加）	9	10
	40	カノン砲計	64	42
24 听短砲	3	24p 野戦砲		1
18 听短砲	3	18p 野戦砲		1
12 听短・野砲	4	12p 拡野戦砲	8	1
10 听野戦砲	1		―	―
6 听野戦砲	8	6p（3in）軽砲（163cm）周発台（5 百目筒）（3）	4	1
その他野戦砲	6	黒門 3 斤砲（2）	2	―
百目砲	10	彦島百目筒（5）	5	―
		不明 18、9p 長（1）追加	18	1
	75	カノン砲・山野砲等計	101	47
	11	忽砲臼砲計	10	7
	86	砲台備砲総計	111	54

*松尾千歳「資料紹介：薩英戦争絵巻」1991 年、34 頁参照。

（听＝ポンド、爆砲＝ボムカノン（ボンベカノン）、加農＝カノン砲、封度＝ポンド）

**事前＝事前の砲長・外形による名目的な分類、分配＝ヘイズリストにおける各国に分配された大砲の口径による実質的な分類

参考までに薩英戦争における英国艦隊の構成について次頁に示しておこう(6)。比較のために、右側には下関戦争における連合艦隊の構成を再掲する。薩英戦争時の英国艦隊と下関戦争の連合艦隊とを比べてみれば、英国艦隊だけでも大砲数および要員数は二倍を超える。下関における連合艦隊とくに英国艦隊の意気込み（萩・山口・大坂侵攻計画への期待）がいかに大きかったかがわかるであろう。

文久三年五月・六月の下関戦争（下関砲撃戦）の段階では欧米側もペキサンス砲（ボンベカノン砲）やこれに類するダールグレン砲といった砲腔にライフル（線条）を持たない、いわゆる滑腔砲が中心であった。違いは、下関側が青銅製であるのに対し、欧米側は銅製砲もあるが鉄製（錬鉄製あるいは

薩英戦争英国艦隊の構成				下関戦争連合艦隊の構成(再掲)			
船名	砲	アームストロング砲	乗員	連合国	艦数	大砲	人数
ユーリアラス	35	110p(5),40p(8)	540	イギリス	9	182*	2,852 名
パール(Pearl)	21	ー	260	オランダ	4	56	951 名
アーガス(Argus)	6	110p(1)	175	フランス	3	49	1,155 名
パーシュース	17	40p(5)	175	アメリカ	1	4	58 名
レースホース	4	110p(1)	90	総　計	17	291	5,014 名
コケット	4	110p(1)	90	*アームストロング砲 2 門(110p, 40p)のみ搭載			
ハヴォック	2	ー	37				
合計(7 艦)	89	21	1,360	**p＝ポンド			

錬鉄・銑鉄成層製)が中心であった。このときは欧米側と下関側とでそう大きな差異はないといってよい。前年の戦闘でワイオミングに搭載されたダールグレン砲が圧倒的に優位なわけではなかった。

ところが、薩英戦争では英国艦隊は最新鋭のアームストロング砲を二一門搭載して来襲した。

この大砲は鉄製(錬鉄・銑鉄成層製)であるとともに、砲腔にライフル(線条)を持つ施条砲(ライフル砲、装条砲)を多く搭載していた。このアームストロング砲は英国における産業革命による成果である。その製作には蒸気機関による動力を積極的に活用することによって量産が可能になったものである。これ対して、薩摩藩側は、長州藩とほぼ同じような銅製大砲の鋳造によるものであり、英国艦隊側とは大きな技術格差があった。

他方、元治元年では、前年の砲撃戦に関係のなかった英国艦隊が薩英戦争の時よりも二隻多い九隻の艦隊で大砲は約二倍の一八二門、兵士も一五〇〇名多い二八五二名からなる艦隊を仕立てて下関に現れた。連合艦隊全体で一七艦船、大砲二九一門、兵員五千人強である。どう考えても、下関の撃破だけを目的とするとは思えない物量であった。多くの大砲は施条砲であり、しかもアームストロング砲二門とパロット砲一門が搭載されていた。

二　英米の最新鋭大砲――ダールグレン砲とパロット砲

下関戦争で米軍が使用した大砲は、ペキサンス砲のほかに、ダールグレン砲とパロット砲がある。文久三年（一八六三）の砲撃戦では米艦はダールグレン砲を使用し、元治元年の戦闘ではパロット砲を使用したとみられる。

ペキサンス砲は、すでに述べたように、フランスの海軍将校ペクサンが一八二二年から一八二三年にかけて開発した大砲であり、近年はフランス語の発音に基づいてペクサン砲とも呼ばれることもある。ペキサンス砲は、彼の著書（「フランス海軍によるボンベカノン試射実験」一八二四年刊）によって世に広まった。基本的には（パドル型）反射炉によって鋳造される錬鉄（純鉄）製大砲であるが、青銅砲としても鋳造された。

ダールグレン砲は、海軍将校ダールグレンが一八四九年に開発したものであり、ペリー来航時には米国艦隊にも搭載されていた[7]、当時最新鋭の大砲である。これは当時世界最強の大砲といわれたフランスのペキサンス砲（ペクサン砲）に対抗して製造されたものであり、南北戦争でも大いに活躍した。とくに文久三年の米国軍艦ワイオミングにはこの大砲が搭載されており、南北戦争において南軍の軍艦を追跡していた途中に、先の商船ペンブローグの報復を理由に下関に来襲した。ペキサンス砲とダールグレン砲とは、いずれも砲腔内が施条を持たない滑腔砲で炸裂弾を砲口から装填する先込砲（前装砲）である点で類似性が高い。

パロット砲とアームストロング砲の構造概要[8]

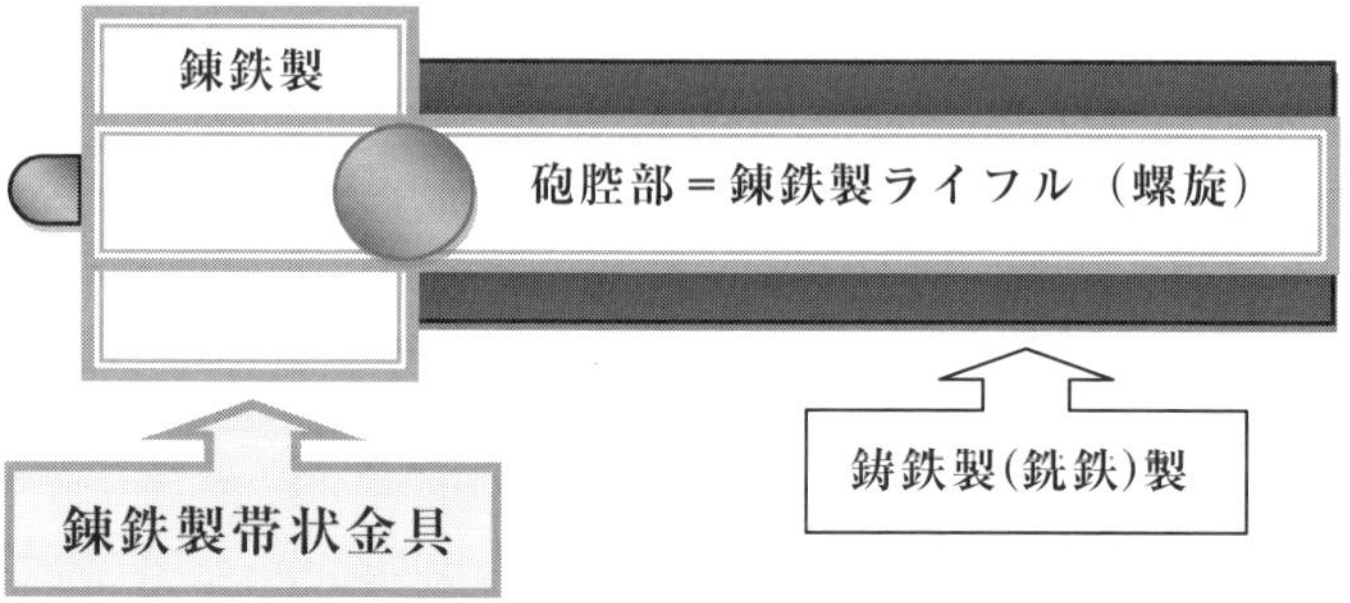

パロット砲のイメージ図

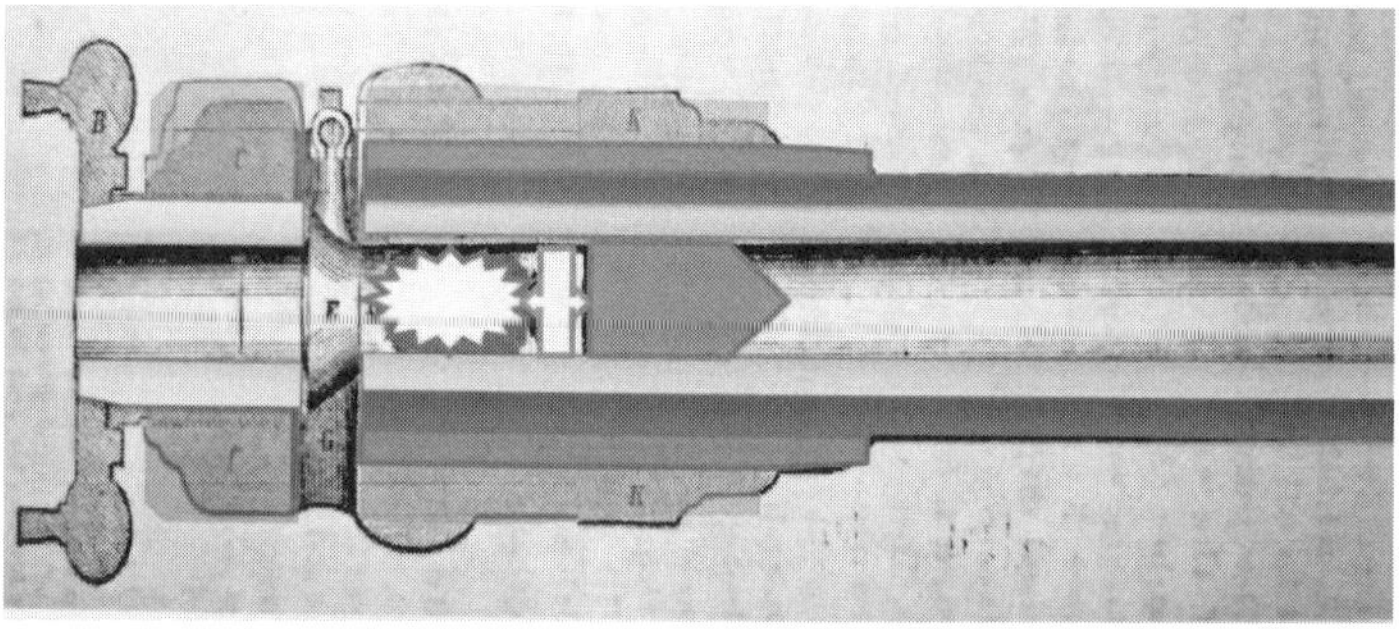

アームストロング砲

三八線条（ライフル）、王立大砲博物館

一二ポンド砲後装砲尾部分

Holly, A. L., A Treatise on Ordnance and Armour, London, 1865, p. 9, p. 52.参照

さらに翌年元治元年における四か国連合艦隊の下関来襲時には、すでに述べたように米国海軍は一隻チャーターし、そこにパロット砲一門を含む計四門の大砲を搭載した。パロット砲は一八六〇年に退役将校のパロット（R. P. Parrott）大尉によって開発された、砲弾を砲先から先込めする前装施条（ライフル）砲である。銑鉄製の砲身は破裂しやすいため、砲尾部分をコイル巻きの錬鉄製の帯状金具で補強してある。この大砲は英国艦隊のユーリアラスに搭載されたアームストロング後装砲とともに、椎の実型（尖頭型）で着弾時に爆発するような着発信管による炸裂弾を発射し、下関の砲台にかなりの損害を与えた。

アームストロング砲は、実業家アームストロング（W. G. Armstrong）によって、一八五五年に五ポンド砲、一八五九年に一八ポンド砲が開発され、以後、各種口径の大砲が造られた。薩英戦争では多くの英軍艦に搭載された。その後、英国内の事情から下関の砲撃戦ではアームストロング砲は旗艦ユーリアラスに一一〇ポンド砲と四〇ポンド砲の二門のみ搭載された。この時は、とくに一一〇ポンド砲がおおいに効果があった。(9)

アームストロング砲は砲弾を砲尾から装填する元込砲（後装砲）である。その砲腔部分は錬鉄製で線条（ライフル）が刻まれており、その周囲を鋳鉄でコイル巻きした成層砲（hooped gun）である。両大砲とも当時の産業革命のもとに発達した蒸気動力によって精密に製作されている。

このように、ボンベカノン砲とダールグレン砲とは線条のない滑腔砲で炸裂弾を砲口から込める先込砲（前装砲）という点で共通しているのに対し、アームストロング砲とパロット砲とはライフルを刻んだ錬鉄製の砲身から尖頭型着発砲弾を発射する点で共通しているが、砲弾を先込めするか後込めするかで異なっている。この両者を対比すれば次の表のように示される。

新旧大砲比較	ボンベカノン砲(Bom 砲) ダールグレン砲(D 砲)	アームストロング砲(A 砲) パロット砲(P 砲)
前装・後装	前装砲	後装砲(A 砲) 前装砲(P 砲)
砲 腔	滑腔	施条(螺旋:ライフル)
材 質	欧米(パドル法→錬鉄製) 佐賀(鋳鉄製) 長州・薩摩(青銅砲)	内腔錬鉄製砲身鋳鉄成層砲(A 砲) 内腔砲尾錬鉄製(P 砲)
砲 弾	弾丸・炸裂弾(shell)	尖頭(椎の実型)弾
榴弾砲	着発信管(最初時限信管)	着発信管
有効射程	鉄製 約1,500m～2,400m 銅製 約1,200m	A砲 約 4,000m 30pP 砲 約 6,100m
動力	欧米(蒸気動力) 日本(水車動力)	蒸気動力→工作機械

(拙著『幕末の長州藩－西洋兵学と近代化－』鳥影社、2019年、206 頁、一部加筆。)

三　幕末大砲技術の格差と進展

鉄製大砲を鋳造する場合、砲身全体を最もさびにくく粘りがある錬鉄（純鉄）によることが望まれる。①銑鉄（鋳鉄）、②錬鉄（純鉄・鍛鉄）、③鋼の違いはなによりも炭素含有量にある。

①の銑鉄は、通常のタタラ製鉄やより高熱を得られる反射炉によって作られる。

②の錬鉄のような炭素含有量を減らして純度を高めるためには、より高温により、パドル式反射炉（パドル工法）等技術的な工夫が必要になる。その場合に、岩鉄（軟鉄）を溶鉱炉（高炉）で溶かした鉄材料が用いられる。わが国ではかつて砂鉄が、日本刀や鉄砲の鍛造に用いられた。これはたたら製法によって得られた鉄を何度も焼き入れ、たたいて炭素分をたたき出す（鍛造する）ことによって錬鉄（鍛鉄）品を造り出す。このような錬鉄の量産は、通常の反射炉ではなかなか難しく、反射炉内の溶解した鉄を長時間攪拌するパドル型反射炉によって可能となる。その場合にも多くの

	①銑鉄	②錬鉄（純鉄）	③鋼
炭素含有量	2・1%以上	0・01%以下	0・01〜2・1%
融点	4・3%＝1,030℃	0・01%＝1,530℃	2%＝1,390℃
硬さ粘り	硬いが脆い	軟らかく粘りがある	硬いが適度な粘り
特徴	錆びやすい	最も錆びにくいが量産困難（鍛鉄）	銑鉄より錆びに強く量産可能

時間と労力を要する。

錬鉄（純鉄）は、パリのエッフェル塔がそうであるように、非常に錆びにくいが、量産することが困難である。わが国では後にみるように、鉄張大砲のように大砲の内側を錬鉄（鍛鉄）で鋳造し、その外側をさらに銑鉄で鋳造する方法がとられた[10]。しかし、この方法では完成に時間と手間がかかりすぎ、コストもかかるため、銅製大砲の鋳造が主になされた。欧米の場合は、パドル式反射炉によって比較的多く錬鉄が産出されたが、それでもアームストロング砲やパロット砲のように必要な個所のみ錬鉄を部分的に組み込んで層成砲として製造したと考えられる。

③の鋼鉄はベッセマー転炉のようなより新しい技術によって製造されるようになった。転炉・平炉によって生産される鋼鉄は、錬鉄よりも炭素含有量は多いが、より低い融点で生産できるため、量産が可能である。このことから、錬鉄を使用する代わりに、鉄鋼が用いられるようになる[11]。

参考までにわが国における大砲技術の発展と欧米の大砲の技術を中心に対比して表示すれば次頁のように示されるであろう（p＝斤＝ポンド）。

		日本の大砲技術の進展	欧米の大砲技術
天保・弘化期 （1840 年代）		天山流周発台（500 目玉） 荻野流 （1 貫目～10 貫目玉） ↓焙烙玉砲 （和式榴弾砲；6 貫目玉） 高島流 （臼砲・忽砲：榴弾）	1822 年ペキサンス（ペクサン） 鉄製砲（仏） 1849 年ダールグレン 鉄製砲（米）
嘉永期 ～ペリー来航時 （1853） ～安政期		24p・18p・12p カノン砲 150p・80pペキサンス砲 36p30p ボンベカノン砲 反射炉＝鉄製爆砲＝佐賀 ＝チタン鉄製（＜銑鉄） （薩摩・水戸・韮山・萩等） 長崎海軍伝習・造船所	1851 年クルップ砲（独）ロンドン 万博金賞 1853 年ナポレオン榴弾砲（仏） 1855 年アームストロング 5p砲（英） 1859 年アームストロング 18p砲
万延元年（1860）		4月遣米使節ワシントン海軍造船所訪問（小栗：蒸気機関）	1860 年パロット砲（米） 1861 年～1865 年南北戦争
文久 2 年 （1862）5 月		*上海（高杉・中牟田） ＝12pアームストロング 野砲見学	遣欧使節：ロンドンで 110pアームストロング砲等見聞（福澤等）
文久 3 年	下関戦争	80p鑽開 150p ペキサンス銅製大砲（萩）4斤施条砲完成	銅製・鉄製大砲（ペキサンス砲・ダールグレン砲）搭載
	薩英戦争	150・80pペキサンス銅製砲	アームストロング砲（英）多数
元治元年 （1864）	下関戦争	同上（150p長砲＆鑽開爆砲）	アームストロング砲（英）2門 前装施条砲多数・パロット砲（米）1門
	江戸幕府	関口大砲製造所4斤山砲着手	

この表から明らかなように文久三年には萩で四斤山砲（施条砲）が完成している。四斤山砲の施条は、通常、六線条であり、その砲弾も六つのコブのような出っ張りがその溝に合うように作られている。四斤山砲は、それなりに欧米の施条砲と同様の効果を発揮できたとみられる[12]。四斤砲の線条（ライフル）は、アームストロング砲の線条ほどには精密ではないが、ローテクでもってハイテクに匹敵するものが造られたことは評価できるであろう。

四　錬鉄製カノン砲と鉄張大砲

当時のアームストロング砲やパロット砲は、砲腔部分を純度が高く錆びにくい錬鉄で造り、さらに火薬を発火させる砲尾部分を錬鉄部分で巻き付ける方法で造られていた。そのような錬鉄を造るためには高熱が必要となる。このために西洋で開発された反射炉の建設が、幕府（韮山）や佐賀、薩摩、水戸、萩（試験炉）、安心院（大分賀来家）、鳥取（武信家）等でなされた。佐賀藩や薩摩藩では結構鉄製大砲が量産されたが、実戦に使用されることはなかった。わが国の反射炉では錬鉄を産出できるほどの高熱が得られず、良質の鉄製大砲にまで到らなかったようである。[13]

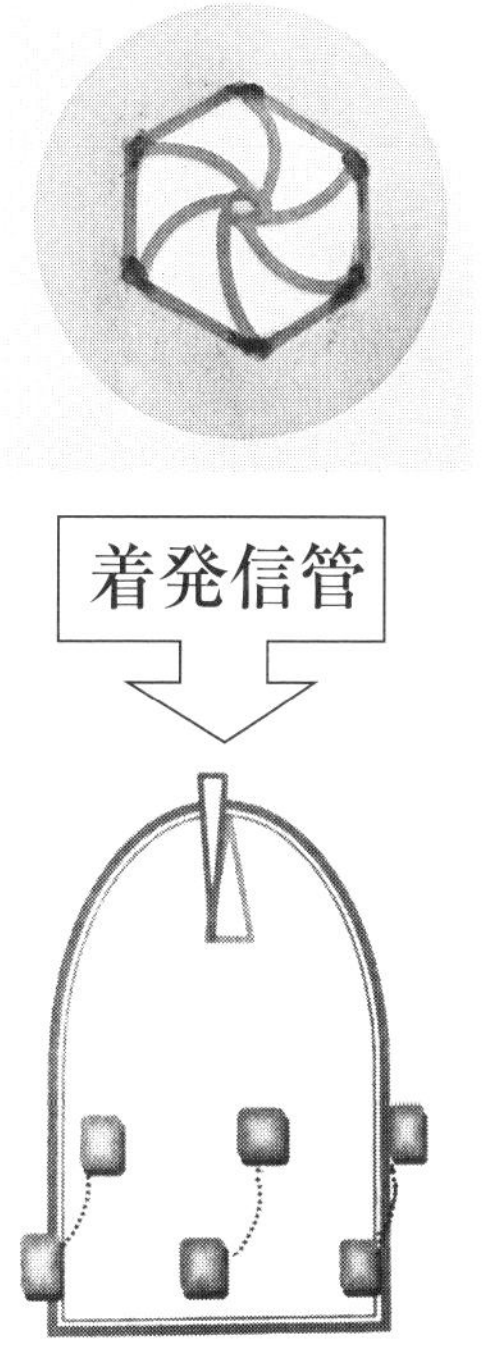

四斤山砲六線条と砲弾のイメージ図

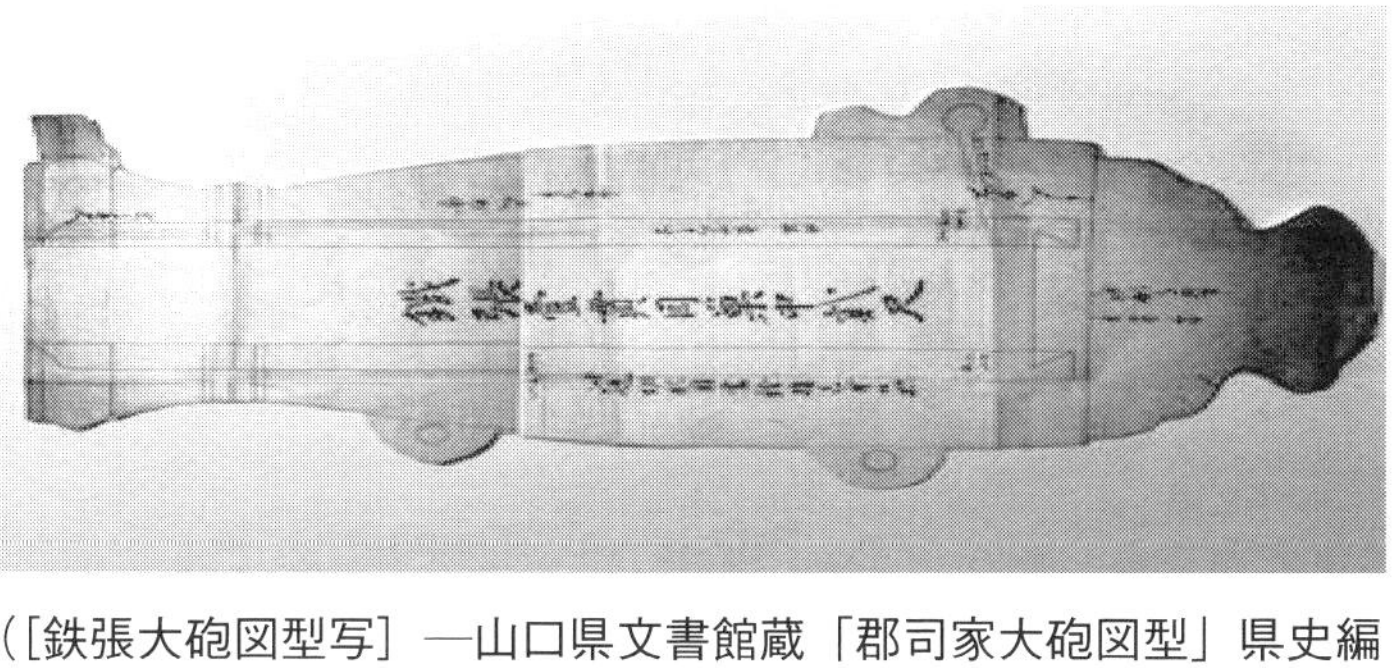

（[鉄張大砲図型写]—山口県文書館蔵「郡司家大砲図型」県史編纂史料所収）

錬鉄（純鉄）は鍛鉄ともいわれるように、日本刀や鉄砲のような鍛造鉄を用いて製造することも考えられる。とくにわが国でも幕末以前から鉄製銃砲は造られていた。それには、大筒といわれる大口径の鍛造鉄砲がまず考えられる。これは火縄銃の大型版であり、三〇〇目玉筒や五〇〇目玉筒からさらに大きくなると八〇〇目玉筒、一貫目玉筒まで鍛造されていた。

これとは別に錬鉄と銑鉄とを用いた鉄張大砲も結構鋳造されていた。錬鉄を用いて砲身内部の砲腔部分（「内熕」俗に「内張」と云う）を鋳造し、その上に鉄輪を巻いてその外側（外熕部分）をより純度の低い銑鉄を鋳かけて鋳造するという成層型の鉄製大砲も造られていた。この種の大砲は「鐵張り筒」と称される。萩の鋳造所では青銅砲だけでなく鐵張り筒も早くから時折鋳造されていたようである。ただ、内熕部分と外熕部分とを二度鋳造することは手間がかかり量産は望めなかったであろう。前頁の図は、鉄張一貫目玉大砲図型の写しである。[14]

【第九章注記】

（1）散兵戦闘術は、いわば当時わが国にとって最新の西洋兵学に属するものであり、これはその直後村田蔵六（大村益次郎）によって長州藩に導入された。長州藩は、当初郡司覚之進（千左衛門）によるペキサンス砲の導入によって萩藩伝統の神器陣の改変を図ろうとしたが必ずしもうまくいかなかった。つぎに来原良蔵等を中心とする長崎海軍伝習所等による西洋銃陣の導入努力によって神器陣から西洋銃陣への転換が図られた。さらに元治元年には、藩の正規軍の主力は京都の禁門の変（蛤御門の変）により敗退し、欧米連合艦隊との戦闘にはおもに奇兵隊・諸隊が対応し、欧米軍の戦闘術を身をもって実際に体験した。このことが村田蔵六の散兵戦闘術の受容を極めて容易にしたと考えられる。拙著『幕末の長州藩―西洋兵学と近代化―』鳥影社、二〇一九年、一三二―一三三頁、一四四頁、一七四頁、一八一―一八四頁、二一七―二一八頁。

（2）拙著前掲、一四三―一四四頁。松村昌家『幕末維新使節団のイギリス往還記―ヴィクトリアン・インパクト』柏書房、二〇〇八年、五七―七八頁、一一五―一三〇頁。

（3）松尾千歳「資料紹介：薩英戦争絵巻」『尚古集成館紀要』第五号、一九九一年、三四頁。

（4）拙稿「江戸後期における洋学受容と近代化―佐賀藩・薩摩藩の反射炉と鉄製大砲技術―」『大阪学院大学通信』第四二巻一一号、二〇一二年、二九―三四頁。

（5）なお、薩摩藩の二四听短砲と一八听短砲を野戦砲に含めたが、これは二四听砲と十八听砲（カノン砲）に含めることも考えられるであろう。

（6）松尾前掲論文、三三頁。ILN, Complete Record of Reported Events 1853-1899, Global Oriental, 2006, Nov. 7, 1853：金井圓編訳『描かれた幕末明治―イラストレーテッド・ロンドン・ニュース日本通信 一八五三―一九〇二』雄松堂書店、一九七三年、一〇二頁。元綱数道『幕末の蒸気船物語』成山堂書店、二〇〇四年、七〇頁。詳細は拙稿前掲、三一頁。

（7）Books LLC, Artillery of France, Tennesee, 2010, pp. 111-112.

（8）Holly, A. L., A Treatise on Ordnance and Armour, London, 1865,p.9,pp.50-55. 幕末軍事史研究会『武器と防具 幕末編』新紀元社、二〇〇八年、九三―九四頁、九八―九九頁。水野大樹『図解 火砲』新紀元社、二〇一三年、九四―九五頁、九八―九九頁。

（9）松村前掲書、二一六―二一七頁。Dougan,D,The Great Gun-Maker, The Life of Lord Armstrong,Sandhill Press,1991, p.61.

(10) 郡司喜平治『鑛鐵大砲鑄法之書』弘化四年（一八四七）、県史資料（山口県文書館所蔵）。拙稿「萩藩における鉄製大砲の鋳造―花岡の大砲・「御筒数」・「鑛鐵大砲鋳造之法」―」『伝統技術研究』第一四号、二〇二一年、一六―一八頁。

(11) 拙稿「下関戦争における欧米連合艦隊の備砲と技術格差」『伝統技術研究』第一一号、二〇一八年、三二頁一部加筆。

(12) 四斤山砲における一斤は通常の六〇〇グラムではなくフランスの一斤＝一キログラムを指す。したがって、四斤＝四〇〇〇グラム÷六〇〇＝六・六七ポンドということになる。この大砲の諸元は、六線条、口径八六・五センチメートル、全長＝九五・二センチメートル、総重量（砲架含む）二一八キログラム、射程距離＝約二〇〇〇メートル、最大射程距離＝二、六〇〇メートルとされる。他方、幕府諸藩で購入されたアームストロング砲は、一二ポンド砲、九ポンド砲、六ポンド砲が中心であった。四斤山砲に対応するのは六ポンド砲である。その諸元は、一六線条、口径二・五インチ（約六・三五センチメートル）、全長一五二・四センチメートル、総重量（砲架含む）二五〇キログラム、最大射程距離三、六〇〇メートルとされる。幕末軍事史研究会編前掲書、九〇―九四頁。水野前掲書、九二―九三頁、九八―九九頁。

(13) これに関しては次拙稿等を参照されたい。拙稿「幕末期鉄製大砲鋳造活動の展開―佐賀藩反射炉活動を中心として―」『大阪学院大学通信』第四六巻五号、二〇一五年、一―六二頁。

(14) これに関しては、郡司健・小川忠文「長州藩の鉄製大砲―下松市花岡勘場跡の銑鉄大砲―」『銃砲史研究』第三九三号、二〇二一年、六二―六三頁。拙稿前掲（「萩藩における鉄製大砲の鋳造」）、七―一九頁。

終章　萩藩の大砲鋳造と砲術

一　萩藩の大砲鋳造所――松本と青海――

（一）二つの鋳造所の開設

萩の東郊松本の鋳造所と南郊青海の鋳造所は江戸初期に郡司讃岐信久によって開かれた。讃岐は当初防府三田尻に住み、朝廷から認められた参内鋳物師の塚本家を継ぎ洪鐘・仏具等の鋳造に携わるとともに、岳父中村若狭守隆安（隆康）から隆安流（隆安函三流・隆康流・高安流ともいう）砲術を伝授され、仏郎機、石火矢とも呼ばれる大銃の鋳造にも携わっていた。中村若狭守は、もとは大内氏の家臣であったが、幕府鉄砲方井上外記とともに「旋風台」という大砲の砲架を考案し、大坂冬の陣で大いに活躍した。中村若狭の子孫は、肥後熊本藩（八代藩）で砲術師範として召し抱えられ幕末まで存続した。(1)

讃岐信久は毛利家の萩移封後、藩外から高禄で仕官を求めて訪れた砲術家と砲技を競って勝利した。彼は砲術と鋳砲の技により毛利家に召し抱えられ防府から萩へ移住した。(2) 讃岐信久は、秋田の佐藤信淵の著述『三銃用法論』や『古事類苑』（武技部十六―大砲術）にも記されているように砲術・鋳砲（仏郎機）・砲架（戦車）の名人であったとされる。それだけでなく、名鐘も現在に残している。(3) なお、讃岐の考案した砲架（砲台車）については具体的な図は残っていないが、佐藤信淵はそれに改良を重ねて戦車を完成させたという。(4) 讃岐の戦車もこれに類しており、これには仏郎機（子母砲ともいわれ砲弾を内包する子砲を装着するいわばカセット型の大砲）を組み合わせたものである。そこで、佐藤信淵の説に従って讃岐の砲台車（戦車）

を類推すれば、次図のように示されるであろう。

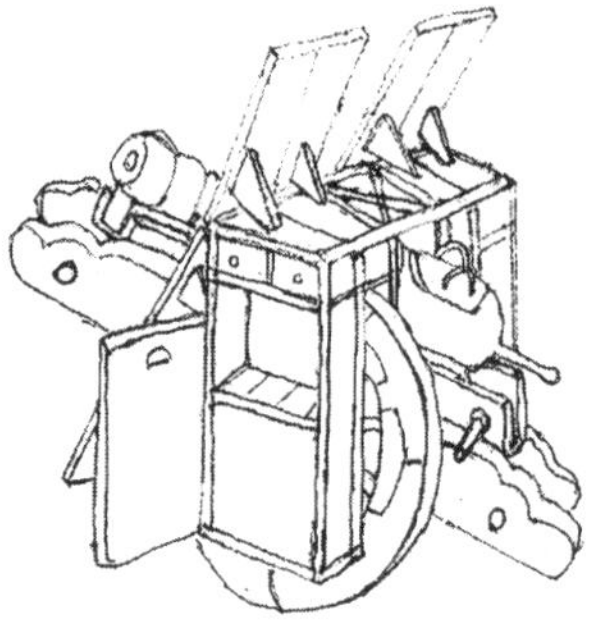

移動戦車と仏郎機
佐藤信淵説より類推

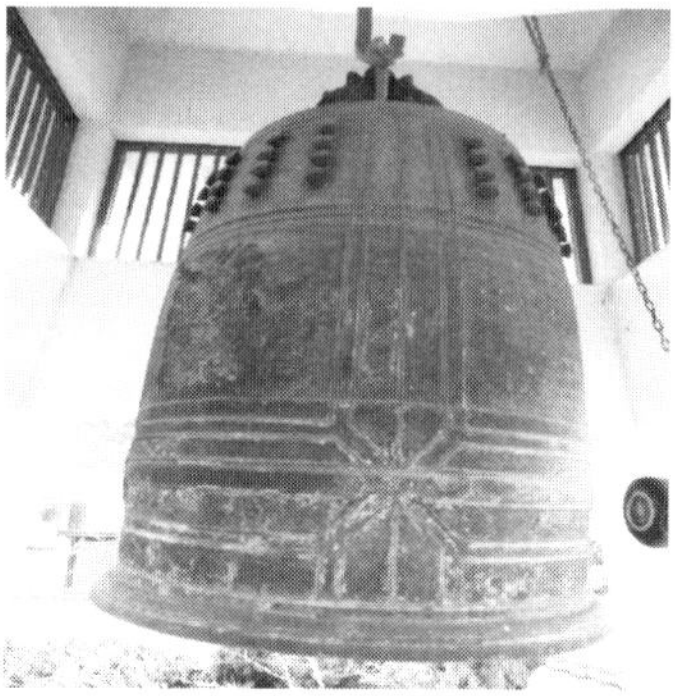

岩淵山観音寺の梵鐘
讃岐信久作

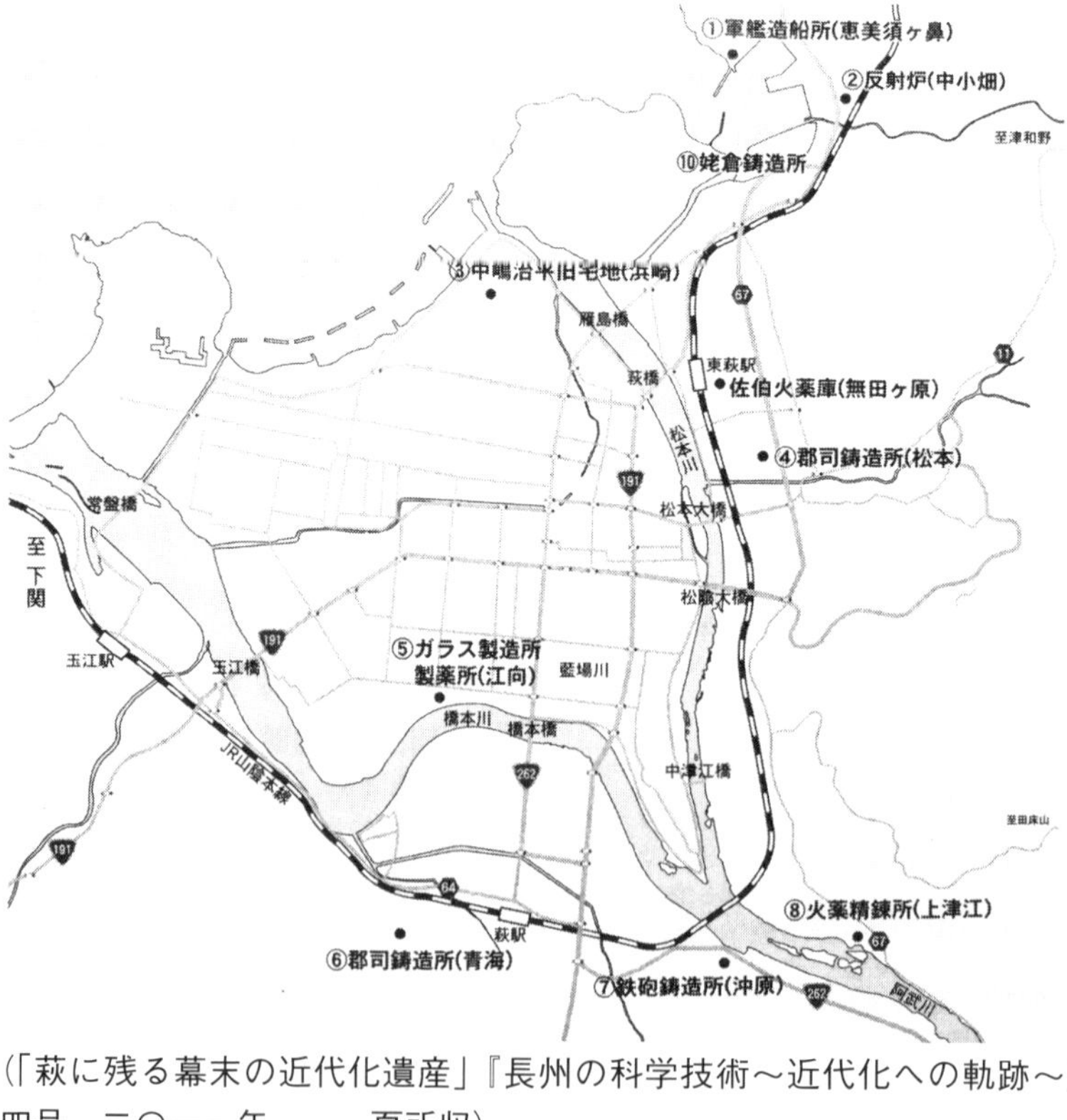

(「萩に残る幕末の近代化遺産」『長州の科学技術～近代化への軌跡～』第四号、二〇一一年、一一頁所収)

萩に移住後、讃岐はまず松本に鋳造所を開き、これを三男の喜兵衛信安に継がせるとともに、椿青海に新たに鋳造所を開いた。この二つの鋳造所は幕末まで存続した。松本の鋳造所は、東萩の松陰神社の近く（すなわち、かつて松下村塾のあった松本村）に位置している。現在はその遺構が近辺に再現されて郡司鋳造所遺構広場となっている。青海の鋳造所は、萩城の南郊で萩駅の西南、毛利家の菩提寺大照院の近くで光福寺に隣接する場所にある。こちらは、現在でもうっそうとした竹藪の中に石垣が残り、その坂道の名前は「郡司坂」とよばれ、その名残りをとどめている。

讃岐の子孫はそれぞれ砲術家（大筒打、御徒士）五家と鋳造所二家（鋳物師、御細工人）に分かれ、大砲の運用（砲術）と大砲・洪鐘等の鋳造とに携わってきた。

なお、萩藩の砲術は、六派七家といわれ、荻野、天山、隆安、筒習、種子島（種ヶ島）、円極（圓極）の六派、山県、石川、湯浅、山崎、三輪、郡司、中村の七家が師家（砲術師、大筒打）であった。時山弥八編『もりのしげり』に従えば、大筒師（七〇石以下八組士）として筒習流（山崎、石川、湯浅）、荻野流（湯浅、山崎）、天山流（山崎、石川、三輪）、隆安流（郡司、中村）、種ヶ島流（山崎）、圓極流（三輪）があげられる。この他にも、神器陣における森重流もあげられるであろう(5)。

多くの砲術流派は鉄砲あるいは抱えの大筒（六百目玉くらいまでの大型口径の鉄砲）の打ち方・命中率（さらには鉄砲隊運用）が中心である。これに対し、隆安流（郡司流）の場合は、そのような鉄砲・大筒とともに、仏郎機・石火矢ともいわれた大型大砲（大銃）の運用操作を得意とした。

（二）松本の鋳造所と砲術諸家

讃岐信久の三男喜兵衛信安は、大砲（大筒）やこれを乗せる砲架に新たな工夫を加えるとともに、出雲大社本殿前の銅鳥居―寛文六年（一六六六）鋳造―や萩市端坊《はしのぼう》の洪鐘等を鋳造した。彼は、元禄十二年（一六九九）に、その功績によって無給通《むきゅうどおり》（士分）となった。その後、嫡子源太夫信之がその跡を継いで士分となった。そこで松本の鋳造所の方は讃岐次男木工之丞の孫権助信正を養子として鋳造所・御細工人（準士）を継がせた。

喜兵衛信安の嫡子源太夫信之は砲術・砲架の名人であり、荻生徂徠によってその砲技を賞賛された（荻生徂徠『郡司火技叙』）。彼はその功績等により享保六年（一七二一）御手回組、享保九年遠近付士となった。

ところで、江戸初期から鎖国政策をとってきた幕府は、長崎の出島以外での海外との交流や出国者の帰国を禁止してきた。享保期には、唐船と称される異国船が日本近海に頻繁に出没し、密貿易（抜け荷）や出国者の密入国が急増し、幕府は萩・小倉・博多三藩に唐船打払いを命じた。萩藩ではその後も遠近付大筒打等を赤間関や六連島に常駐させ、異国船の監視と打払いを継続した。享保十一年（一七二六）八月には源太夫信之を筆頭に、一族の大筒打（砲術家）総出によって萩沖の唐船打払いを完遂した。その功とそれ以前の徂徠の讃辞もあいまって、源太夫は享保十二年（一七二七）に大組士に昇った。その後も、権助信正、権兵衛信光、貞八信光等は赤間関、六連島在番等で大筒役として務め、遠近付となっていった。ここに隆安流大筒打としての砲術七家の基が確立した(6)。

（三）江戸中期までの松本・青海の両鋳造所の活動

この間の両鋳造所では、権助信正がその功績により大筒打となったので、讃岐の八男五郎左衛門家の喜兵衛信英を養子にして松本の鋳造所・御細工人を継がせた。元文四年（一七三九）松本の喜兵衛信英は、青海の鋳造所の当主四郎左衛門信房と共同で五貫目玉大筒・一貫目玉大筒を鋳造した。寛延三年（一七五〇）喜兵衛信英百目玉御筒二挺を武具方に上納した。宝暦四年（一七五四）喜兵衛信英三百目玉御筒一挺倅稽古ため造り、武具方の見聞があった。宝暦一三年（一七六三）喜兵衛信英百目玉御筒二挺、五十目玉御筒一挺、十貫目玉大筒一挺、一貫目玉大筒一挺計五挺造り武具方がご見聞。安永元年（一七七二）七兵衛信尚一貫目玉大筒二挺鋳造、天明八年（一七八八）七兵衛信尚宮島厳島神社燈籠を鋳造した。寛政三年（一七九一）喜兵衛信定唐船漂来につき赤間関出張した。寛政四年（一七九二）喜兵衛信定赤間関出張し、松本鋳造所で一貫目玉大筒二挺鋳造、青海鋳造所の四郎左衛門信承は一貫目玉大筒一挺鋳造した（「御筒数」）。文化五年（一八〇八）喜兵衛信定唐金一貫六百目玉大筒・六百目玉御筒の鋳造を仰付けられた。

これからも明らかなように、松本の鋳造所の方は、職業に精励し、大砲鋳造の功により一代細工人（準士）となって家業を継ぐが、その業績により無給通、遠近付、大組等の士分に取り立てられると、これまでの家業（鋳造）の方はできなくなる。そこで、親戚のものを養子にして家職を継がせてきた。喜兵衛信英は、青海の四郎左衛門信房とともに五貫目玉大砲を鋳造した後、単独で十貫目玉巨砲（約八〇ポンド砲に相当）を鋳造している。信英やその子七兵衛信向・孫喜兵衛信定もそれぞれ松本の鋳造所を継ぐとともに、職分に精励し、士分にお取立を願い出たが、その許可のないうちに死去した。七兵衛

出雲大社本殿前の銅鳥居

宮島厳島神社　入口前燈籠

信向の作品としては、前述のように広島県宮島の厳島神社の燈籠が残っている。

（四）青海の鋳造所

青海の鋳造所の方は、讃岐の長男はすでに死去していたため、四男甚之允・七男長左衛門を経て、讃岐長男権之允信久の孫にあたる四郎左衛門信房が唐船打払いの功により跡を継いだ。長左衛門は四郎左衛門の砲術稽古のために元禄十五年（一七〇二）に二貫目玉の大砲一門を自費で造り公儀に召し上げられている。前述のように四郎左衛門信房は、松本の喜兵衛信英とともに一貫目砲だけでなく当時最も大きな五貫目玉大砲（約四〇ポンド砲に相当）を鋳造し、毛利家の菩提寺大照院鐘楼門《しょうろうもん》の洪鐘も鋳造（再鋳）している。

毛利家菩提寺大照院鐘楼門（改修前）

鐘楼門の洪鐘　四郎左衛門信房作

四郎左衛門は、実子彌八郎（喜之）を御陸士の権六家（讃岐の五男）の養子として跡を継がせ、甥にあたる彌三太（長男権之允系）を養子とし、青海の鋳造所を継がせた。このように青海の鋳造所は、結果的に長男権之允の系統（讃岐直系）が継承した。こちらは、代々世襲の御細工人として家業を継承するようになっていた。

二つの鋳造所では、百目玉から六百目玉等の各種大筒や一貫目玉青銅砲だけでなく、当時としては最大級の五貫目玉・十貫目玉の青銅砲も鋳造し、藩に納めている。それと併行して、各地の洪鐘・燈籠・仏具（銅像）・神具（銅牛・狛犬）等も造っていた。このようにして、萩藩においては、享保後の寛政・文化時代にも大砲が鋳造され、唐船打払いも続行され、大砲（運用・鋳造）技術が大組・遠近付大筒打等の砲術家と各鋳造所においてそれぞれ継承されていったとみられる。

（五）防府・三田尻の郡司鋳造所

なお、讃岐の長男権之允は寛永二年（一六二五）に亡くなっている。彼の遺児の一人七右衛門信安は二男木工之允家を継ぎ、藩主毛利宗広公の前で讃岐鋳造の大筒稽古打ちを披露するなど、三田尻御船倉・御茶屋御用鋳物師の御用を務めた。その子権助信正と権兵衛信勝は萩へ行き後に遠近付士となったので、姻戚の鋳物師河本家から木工允信規を養子に迎えた。木工允信規と作蔵信之の親子は防府天満宮の本殿前の青銅狛犬を鋳造している。

防府天満宮青銅狛犬
郡司木工允信規・作蔵信之作

讃岐長男の系統は宝暦六年（一七五六）にはすべて萩へ移住したようであるが、木工之允家は、防府三田尻にも残って活動していた。防府は、鋳物師町の名も残っているように、中世から鋳造業の盛んな土地である。幕末には、徳之丞（登工之丞）

のように萩へ行き洋式大砲と砲弾の製作に活躍する者や、吉武伊三郎（防府鋳物師松村彦右衛門信里の長男）のように防府の牟礼今宿で大砲鋳造も行う家も出てきた(7)。

二　江戸後期における鋳造・砲術活動

（一）化政・天保期における神器陣と台場砲演習

一九世紀初頭からは唐船よりもむしろ欧米の艦船が近海に出没するようになり、そのような異国船の防禦つまり海防が重要な課題となってきた。宝暦期の毛利重就公による積極的な藩政改革につづいて、積極的な藩政・財政改革を担ったのは村田清風等である。彼等は藩における「八万貫目の大敵」と呼ばれる藩債の積極的な解消を目指すとともに、海防への積極的な対応と武士道の振興を企図して、文化一四年（一八一七）新しい銃陣を創案し、これを「神器陣」と名付けた(8)。それは弓馬刀槍を中心とする伝来の陣立に対し鉄砲と大筒を中心とする銃陣を展開するもので、諸藩に先駆けて実施された。

具体的には萩城下の菊ヶ浜沖において敵艦の来襲を想定し、これに向かって五百目玉筒を搭載した周発台と、三百目玉筒一挺および二百目玉筒二挺を搭載した犇雷車三両をそれぞれ左右に配置し、これと鉄砲とをこもごも発砲し、その硝煙の中から刀槍隊が突撃・応戦するものである。この神器陣は、藩のお家流とされ、以後毎年一回必ず操練を城下において行うようになった。これからもうかがえるように二百目玉筒から六百目玉筒までの大砲はまさに神器陣用の大砲ととらえられる。周発台は荻野流砲術師範の坂本孫八が開発した砲架であり、左右上下自由に回転でき、移動も組み立ても容易な砲架であり、これには荻野流五百目玉、四百目玉大筒が搭載される。また、二百目玉・三百目玉筒は砂地を移動し易いように大八車を改良した犇雷車に搭載するための大筒と考えられる。[9]

文化文政期・天保期には神器陣が御家流として創設され定着した。しかしそこでの大砲は二百目玉から六百目玉の大筒にとどまった。一貫目玉以上の大型大砲はそこには含まれず、むしろ台場砲・要塞砲として別の砲術（大砲術・大銃術）活動として位置付けられ、幕末には次第にその重要性が認められるようになった。

天保一〇年（一八三九）三月砲術家三輪市郎左衛門、湯浅九郎次、郡司源太左衛門が相談して砲術実射を願い出て、小畑村狐島で砲術の実射を試みた。四月にも砲術実射を行った。藩主敬親公はこの両演習とも見学している。七月にはアヘン戦争が勃発し、欧米列強の侵略・海防の危機が一層高まり、西洋式大砲（臼砲・忽砲）を含む、大型大砲の演習が活発になされるようになった。

（二）和流から西洋流への転換

幕末まで、砲術家と鋳造所とは互いに協力して自家の隆安流（郡司流）だけでなく、他流についても積極的に研究して取り入れてきた。例えば江戸中期以降西日本で広く流行した荻野流やその流れをくむ天山流（周発台）についても習熟していた。

アヘン戦争に危機感を抱いた幕府は、天保一二年（一八四一）五月徳丸原で高島秋帆一門による西洋流銃陣演習を行った。これに参観した萩藩は大組大筒打郡司源之允と粟屋翁助を長崎へ派遣し秋帆に入門させ、長崎聞役井上與四郎とともに西洋流砲術等を学ばせることとした。彼等は、長崎で高島流砲術・西洋銃陣について研究し、「ボンベン玉その他相伝書銃陣編立の大意等を会得」して帰萩した。

高島流は天山流（荻野流増補新術）を基礎としており神器陣もまた同根であるから、源之允等にとってその大意修得はさほど困難ではなかったであろう。天保一五年（一八四四）一二月（弘化元年）に源之允は洋式砲術を敬親公に進講し、栗屋翁助とともに洋式大砲発射法の講究と洋式巨砲鋳造の功によって嘉賞された[10]。弘化四年（一八四七）源之允等は西洋砲術について一層研磨し、三月には日向延岡藩士吉羽数馬を招請して西洋流砲術の演習を行った。源之允と次郎兵衛が接待役を務め、演習に必要な機器は郡司で準備した。これにより萩藩においてボンベン弾・ガラナート弾等とこれを発射しうる大砲技術を導入する素地がすでに整った。この後、源之允・次郎兵衛両名には藩士の洋式砲術入門者が続いた。長州藩における西洋砲術・西洋兵学の強化に源之允の力が大いに与っているといわれるゆえんである[11]。

(三) 天保・弘化・嘉永期の鋳造活動

松本の鋳造所は、喜兵衛信定の跡を喜平治信安（のち右平次）が継いだ。彼は、文政六年（一八二三）に防長第一といわれる天樹院の大鐘の鋳造を手始めとして、様々の銅製品を鋳造し、天保一五年（一八四四）頃には、荻野流一貫目砲青銅砲一六門はじめ多くの大砲を造るようになる。喜平治は後にみるように一生のうちに一三〇余門を鋳造した名人である。ここではまず、ペリー来航前の嘉永五年（一八五二）までの喜平治の大砲鋳造について一覧表示しておこう[12]。

郡司喜平治の鋳造活動(1)				
文政 6 年(1823)　天樹院大鐘＜防長第一＞				
天保 11 年(1840)：百目玉重目三〇貫目玉長筒、小筒、各1挺・長筒周発台用具 1 巻				2 挺
天保 14 年(1843)～弘化4年(1847)				
和流青銅砲　計	47	銑鉄大筒　計	41	88 挺
一貫目玉筒	16	六百目玉筒	10	
六百目玉筒	5	五百目玉筒	9	
五百目玉筒	6	三百目玉筒	10	
三百目玉筒	7	二百目玉筒	11	
二百目玉筒	7	雹《はく》炮	1	
合図筒十貫目玉筒	1	西洋式青銅砲　計	15	15 挺
同五貫目玉筒	1	モルチール(臼砲)	7	
三百目玉野戦筒	4	ホイッツル(忽砲)	8	
弘化 3 年(1846)大小鉄玉数千発、手矢炮 1 挺				1 挺
			計	106 挺
嘉永元年(1848)：忽砲・臼砲・手矢筒・七百目玉野戦筒				4 挺
嘉永 3 年(1850)：三貫目玉ホウィッツル・クーホール各 1 挺				2 挺
嘉永 5 年(1852)：合図筒十貫目玉五貫目玉相調各1挺				2 挺
小計				114 挺

この表では、大砲の数が「挺」で示されているが、これは鉄砲と同じ数え方で、現在では大砲は「門」で示されることが多い。喜平治は天保十四年（一八四三）から弘化四年（一八四七）にかけて二百目玉筒から六百目玉筒までの大砲を銅製・鉄製合わせて六五門鋳造している。これは、萩藩の銃陣神器陣のための大砲と思われる。

この時期喜平治は鉄製大砲を四一門鋳造したが、これと同種の大砲が二門下松市の花岡勘場（郡役所）跡に現在でも残されている（二百目玉筒、三百目玉筒相当）。これは攘夷戦争ころに瀬戸内海側の砲台備砲あるいは発射練習に使用されたと推測されている。[13]

他方で、前述のように萩の鋳造所では天保一五年には喜平治を中心に荻野流一貫目玉青銅砲を二〇門余り鋳造している。このうち喜平治が「子の四番」から一六門鋳造したとすれば、他の四門余りは「子の二四番」を造った富蔵等によるものと推測される。青海鋳造所の八代目にあたる富蔵信成にはロンドンの一貫目青銅砲の他に、東光寺の半鐘、萬壽寺《まんじゅじ》の洪鐘（父彌三郎信貴と共作）、光福寺の仏具（現存）といった作品が記録として残されている。

（四）松陰と覚之進

嘉永二年（一八四九）三月吉田松陰は海防意見書「水陸戦略」を藩に提出し、「異賊御手当御内用掛」を拝命した。七月には萩・下関の海岸巡視がなされ、これには吉田松陰や郡司覚之進（のち千左衛門）等も参加した。この年、藩は覚之進を西洋砲術修得のために長崎に派遣した[14]。嘉永三年（一八五〇）八月二五日吉田松陰は兵学修業のため九州（平戸）へ遊学し、そこで長崎では覚之進とともに高島流の高島浅五郎を訪れたり、オランダ船を見物したり、アヘン戦争やペキサンス砲に関する書物等多数を読破したことはすでに述

下松市花岡勘場跡の鉄製大砲

べた（第六章）。

（五）ペリー来航と海防対策・西洋銃陣

嘉永期には、和流銃陣を中心とする神器陣ではもはや海防の実戦に応用できないことは明白であった。さりとて急に廃絶するに忍びないので、藩は実戦の用具となるよう郡司覚之進に命じて神器陣運用の法を修正しその得失を講究させようとした。嘉永六年（一八五三）二月、藩は千左衛門（覚之進）に長崎での砲術研究を命じた。

六月ペリー艦隊が来航した。一〇月、幕府は洋式砲術奨励を諸侯に号令し、翌一一月長州藩に相模警衛を命じた。同一一月千左衛門は佐久間象山に入門した。同月、藩は松本の鋳造所を藩営とし、大組郡司武之助と松本鋳造所当主右平次（喜平治）を大砲鋳造用掛とした。藩はまた右平次に新設の姥倉鋳造所用掛の兼務も命じた。

この頃の喜平治の鋳造活動は次頁のように示される。とくにペリーが来航した嘉永七年には八〇ポンドペキサンス砲はじめ多くの西洋式大砲を鋳造している。

その後、右平次は大砲鋳造のため徳之丞等弟子二人をともなって江戸へ出立した。この頃荻野流砲術家の守永弥右衛門は青海の鋳造所で和流巨砲の鋳造に着手した。

嘉永七・安政元年（一八五四）には右平次は江戸砂村の藩別邸で佐久間象山指導のもと一八ポンド・二四ポンド等の西洋式大砲の鋳造を指揮した。その後日向延岡藩に大砲鋳造指導のため出張した。

安政二年（一八五五）郡司熊次郎は、西洋砲術を学ぶため湯浅祥之助とともに長崎に派遣された。千左衛門は、好生館内西洋学所用掛を拝命し、右平次は蔵目喜佐倉郷銅山頭取を拝命した。

郡司喜平治（右平次）の鋳造活動等（2）	
嘉永 6 年（1853）（＊11 月大砲用掛＜松本・姥倉＞）	
十貫目玉今一位長く相調	2 挺
80 ポンドペキサンス砲（フランス式）	1 挺
24 ポンドカノン砲	1 挺
18 ポンドカノン砲	5 挺
一貫目玉筒	2 挺
15ドイム（拇*）忽砲 2 挺	2 挺
20ドイム（拇）臼砲	1 挺
6 ポンドカノン砲 1 挹	1 挺
12ドイム（拇）ランゲホウイッツル（長忽砲）	1 挺
嘉永7（1854）・安政元年（1854）；江戸砂村別邸差上り	
*江戸にて洋式大砲 36 門鋳造指揮、同冬日向延岡出向	
大砲地金鍛試百目筒一遍鍛二遍鍛七遍鍛共 3 挺	3 挺
江戸大砲鋳造法と自藩鋳造法を取合せ 12 ポンド砲	2 挺
異船お手当御要用鎕1貫目筒、迅搖台諸道具 1 式	1 挺
蔵目喜佐倉郷銅山頭取（御撫育方御内用）	
文久 3 年（1863）下関戦争	
鉄弾数千発鋳造、4 斤施条砲（4ポンド銅製重目 130 貫目余）	1 挺
合計	23 挺
*口径 1ドイム（拇）＝約 1cm	

安政三年（一八五六）反射炉雛形（試作炉）が築造された（現在の萩反射炉）。一二月洋式船丙辰丸（戸田・君沢形）が完成・進水した。

安政五年（一八五八）千左衛門は、桂右衛門、藤井百合吉、中嶋治平、来原良蔵等と長崎海軍伝習所に派遣された。この年安政の大獄が始まる。

安政六年（一八五九）二月長崎砲術修行中の郡司富蔵は山田又介・来原良蔵より高炉（高竈）模型作製を命じられたが、幕府による長崎伝習中止により他の藩士とともに帰萩した[15]。一〇月には吉田松陰が処刑された。一二月藩は神器陣を廃止し、西洋銃陣へ移行した。

安政七年・万延元年（一八六〇）五月洋式軍艦庚申丸完成し三〇ポンドボンベカノン砲六門を搭載した（ワシントンDCとポーツマスの大砲）[16]。千左衛門は、高杉晋作等とともに幕府海軍所で海軍術修得後、山口明倫館砲兵塾教授となった、この時期に萩沖原に鋳砲所が開設された（千佐衛門指導）。

文久三年（一八六三）四月一六日に藩は山口に政事堂を設ける（山口移鎮）とともに、その入り口にあたる小郡周辺の警備の強化を図った。この頃には、萩の松本・青海・姥倉・沖原の鋳砲所のほかに、防府三田尻宰判内の鋳銭司村・今宿村と小郡福田の三箇所にそれぞれ鋳砲所が設けられたようである。福田には鋳砲所の横に水車錐通場が設けられた[17]。

五月一〇日以降六月五日にかけて欧米艦船と砲撃戦が展開された。その後から、予想される列強の大攻撃に備えて、萩藩と長府藩内の梵鐘・銅器類を集めるとともに、小郡福田鋳砲所はじめ藩内の各鋳砲所で大砲の増産を急いだ。

他方、右平次は安政元年（一八五四）のころから撫育方御内用掛としておもに鉱山経営に携わっていたが、文久三年（一八六三）に四ポンド銅製重目一三〇貫余（四ポンド施条砲、四斤砲）一門を鋳造し、六月五日に藩に献納した。この時期、すでに施条砲が萩藩で自製されたことは注目されてよい。しかも、これが右平次（喜平治）としては最後の大砲鋳砲となった。その功績により元治元年（一八六四）には無給通（士分）となり、喜兵衛信英以来の念願をついに達成した[18]。

六月二七日に郡司千左衛門は藩命により手当方北条源蔵とともに小郡福田鋳砲所へ赴き、大砲鋳造の事業を督励した。他方、三田尻都合役の氏家彦十郎をして銅器梵鐘を千左衛門に送らせ、日夜、巨砲の新造にかかった。千左衛門はまた、山口明倫館兵学寮の教授役となり、砲術の指導も兼担した。また、七月二日の薩英戦争は新型大砲（アームストロング砲）の脅威とともに一層の危機感を高め、大砲増産が緊急の課題となった。七月三日には大組郡司武之助が鋳造場の水車鑽（水車鑽開台）の担当（見合役）を命じられている[19]。

九月この時期に萩の沖原に新しい鋳砲所が開設された（沖原鋳造方）。これは藩営になった松本の鋳造所の代替として開設したとされる。この鋳砲所は、万延元年頃から郡司千左衛門が築造を指導したとみられる。このことから、すでに存在する沖原鋳造所を松本の代替と認めたのであろう。

次頁の上図は萩博物館蔵の沖原鋳造方模型写真を模写加工したものである。中央の円錐台の上には、三基の熔解炉（踏鞴炉）が設置され、番子が鞴（吹子）で金属熔解したものを大砲の円筒鋳型に流し込んで鋳造するようになっている。この熔解炉図をもとに大砲鋳造遺構が復元されたのが、松本の郡司鋳造所遺構広場の鋳造場であるとされる[20]。

嘉永期には防府の郡司作蔵の孫徳之丞（登工之亟）が萩に来て喜平治の弟子となり、後には千左衛門の片腕となってその任務を助け、彼自身は幕末維新期に御雇鋳物師としてペキサンス砲や四斤山砲（施錠砲）の鋳造や砲弾を改良するなど大いに活躍した。

沖原鋳造方模型模写
萩博物館蔵

郡司鋳造所遺構広場

（六）攘夷戦争から幕長戦争（四境戦争）へ

文久三年（一八六三）四月、幕府攘夷決行の日を五月一〇日と定めたが、同日深夜から六月五日にかけて米・仏・蘭の艦船を砲撃した。この間、五月一二日に藩は、五人の青年藩士（長州ファイブ）を英国へ留学させ、郡司武之助等砲術家を下関に派遣し前田砲台の起工等を指揮させた。五月二九日、長崎より招請した砲術家中島名左衛門が暗殺された。攘夷戦後、千左衛門は小郡福田鋳砲所等で大砲増産を指揮した。六月高杉晋作は藩公の命により奇兵隊を創設した。同月右平次四ポンドライフルカノン（四斤施条野戦砲）一門完成し藩に献上した。七月二日には、英国艦隊が薩摩と砲撃を交わした（薩英戦争）。

元治元年（一八六四）七月、「蛤門の変」で長州軍京都から敗退し、幕府は（第一次）長州征討令を発布した。伊藤俊輔（博文）・井上聞多（薫）は英仏蘭米四か国との戦争を回避するため、帰国し尽力するも不首尾に終わり、八月五日、連合艦隊が下関に来襲した。八日正午に休戦し、一四日、高杉晋作を代表として講和した。長州側の大砲一一〇門近くが連合艦隊によって接収され、五四門が英仏蘭米四か国で分配された。一二月、高杉晋作は功山寺で挙兵した。

慶応元年（一八六五）一月、奇兵隊・諸隊が蜂起し恭順派と内戦し勝利した（太田・絵堂の戦い）。三月、「武備恭順」・「長州大割拠（独立）」に藩論統一し、六月、米る第二次長州征討に向けて桂小五郎（木戸孝允）・大村益次郎（村田蔵六）を中心に兵制改革に着手し、西洋軍備の再編を行った。郡司徳之丞は小郡鋳砲所へ派遣されペキサンス砲・四斤ライフル砲や各種砲弾等製造した。

慶応二年（一八六六）一月、薩長同盟が結ばれる。長州藩は大砲・鉄砲を自製するとともに、薩摩を経由して大量に購入し、六月、第二次幕長戦争（四境戦争）に突入した。九月には、幕府征長軍は撤退した。武之助は石州高津口にて検使役・武具方兼帯となった。

おわりに

このように、郡司讃岐が萩へ召し抱えられて以来、江戸初期から幕末前期までは、おもに砲術家（藩士、大組、遠近付、御陸士）五家と鋳造所二家に分かれて、それぞれの職責を果たしてきた。幕末期には大組の郡司源之允を中心に和流（隆安流・荻野流）大砲から西洋流（高島流）大砲の運用へとシフトした。鋳造所の方も藩・砲術家の要望に伴い荻野流大砲から西洋式大砲の鋳造へシフトしていった。

源之允は次郎左衛門等とともに藩内に西洋流を定着させたが、その後を継いだ武之助は下関戦争での砲台築造をはじめ幕末動乱期の各戦場における砲術指揮に尽力した。また、千左衛門（覚之進）は砲術師範・砲兵教授として新式大砲の導入・運用に尽力するとともに、大砲製造主任として下関戦争以降の大砲製造指導の面でも活躍した。

幕末前期における和流大砲と西洋式大砲鋳造に関しては何よりも右平次（喜平治）の功績は大きい。そこでは荻野流一貫目玉青銅砲や銑鉄大砲等の和流大砲から、忽砲・臼砲、一八ポンド・二四ポンド長カノン砲だけでなく当時最強といわれた八〇ポンドペキサンス砲にまで及んでいる。とくにペリー来航前後一年間の洋式大砲の鋳造は顕著である。しかし、その後はむしろ撫育方の銅山経営に集中しているが、これは準士（細工人）から藩士に昇格したこととも無関係ではないであろう。

安政期にはむしろ千左衛門や藤井百合吉その他多くの藩士たちが、西洋式大砲の生産に従事している。反射炉や軍艦製造等との関係もあったであろう。青海鋳造所の富蔵も長崎で高炉雛形の作成を命じられたのもそうであろう。

徳之丞は、防府の鋳造所から喜平治の弟子となり、ペリー来航時に右平次（喜平治）について江戸へのぼり大砲鋳造指揮を手伝ったが、その後も各種洋式大砲や炸裂弾の製造に関わり、下関戦争・幕長戦争には萩の鋳造所だけでなく小郡の鋳造所においても千左衛門等を補佐する形で大いに活躍した。右平次は下関戦争時の文久三年に四ポンドライフル砲の製造に成功している。これは関口の大砲製造所よりも早く、特筆すべきことと思われる。このような四斤山砲、仏式大砲やその砲弾（炸裂弾）はおもに徳之丞によって製造されている。その業績により藩より御雇鋳物師と認められ、萩の姥倉鋳造所の管理者となったようである。しかし、すでに明治期となり、御細工人さらに藩士としての出世もかなわなかったのは心残りであったであろう。

萩は町中が幕末時の形をそのまま現在に残して、町中が博物館といわれるが、そのまますべては歴史のなかに溶け込んでしまい、二一世紀初頭に萩を訪れたときは、道路工事がなされ、かつて存在していた「郡司鋳造所跡」の石碑も所在不明となり、もはや歴史のなかに埋もれてしまうのではと想われた。しかしそれは誤解であり、その後間もなく郡司鋳造所跡遺構広場が造られ、幕末長州科学技術史研究会（幕長研）を中心に長州藩の科学技術史的研究調査が活発になされ、様々の発掘・発見がなされていった。

その後、この二〇年のあいだに、郡司鋳造所はもとより、反射炉から軍艦製造所、大板山のたたら製鉄遺構等も整理され、さらに長崎、佐賀、韮山等との連携のもとに明治産業革命遺産としてその足跡を残したことは、何よりも地元における萩市博物館、幕末長州科学技術史研究会はじめ住民の方々の熱意によるものである。

【終章注記】

（1）拙稿「江戸期における隆安流砲術の継承と発展」『伝統技術研究』第三号、二〇一一年、五―八頁。

（2）「御判物　正保四年正月十一日毛利秀就公ヨリ國司備後守へ宛テタル郡司讃岐允許状写シナリ」山本勉彌・河野通毅『防長ニ於ケル郡司一族ノ業績』藤川書店、一九三五年、口絵。

（3）細川潤次郎（編集総裁）他編『古事類苑　武技部』吉川弘文館、一九八〇年、九七〇―九七二頁。岩淵山観音寺の梵鐘については、防府市教育委員会『防府の文化財シリーズII　防府の梵鐘』一九八六年、五―八頁参照。

（4）佐藤信淵『三銃用法論』上巻、文化六年（一八〇九）、（写本、秋田図書館蔵）、一六丁。川越重昌『兵学者佐藤信淵―佐藤信淵の神髄―』鶴書房、一九四三年、一四四―一五三頁。川越重昌『佐藤信淵と阿波』徳島市立図書館、一九九七年、一一一頁。

（5）萩市史編纂委員会編『萩市史　第一巻』ぎょうせい、一九八三年、八四五頁。時山弥八編『増補訂正もりのしげり』赤間関書房復刻、一九六九年（初版一九一六年）、三二四頁。拙著『幕末の長州藩―西洋兵学と近代化―』鳥影社、二〇一九年、二二―二三頁。また、支藩の長府藩には櫟《いち》木《き》流、岩国には石田流・有坂流などがあった。

（6）譜録「郡司源七信光　略系幷傳書御奉書写」大組（大筒打）寛保元年（一七四一）、「喜兵衛信安」「源太夫信久」の項。物茂卿（荻生徂徠）「郡司火技叙」『徂徠集　巻之九』元文元年（一七三六）、七―八頁。荻生徂徠著澤井啓一・岡本光生・相原耕作・高山大毅　訳注『徂徠集序類二』東洋文庫、二〇一七年。拙稿「享保期の異国船対策と長州藩における大砲技術の継承―江戸中期の大砲技術の展開―」笠谷和比古編『一八世紀日本の文化状況と国際環境』思文閣出版、二〇一一年、四〇一―四〇四頁。山本・河野前掲書、二二一―二二三頁。砲術

家に関しては、享保十八年（一七三三）には源太夫家（大組）は源七が家督相続した。元文元年（一七三六）には権兵衛信勝・貞八信時が秋より赤間関唐船打払役並遠見兼体となり、六連島在番となった。寛保元年（一七四一）には権助信正が長年の赤間関在番により御恩二人扶持お切米五石となる。延享二年（一七四五）三月友之進赤間関で唐船打払役並びに遠見兼体、六連島在番、安永五年（一七七六）貞八信時遠近付となるなど、おもに遠近付士となっていった。拙稿前掲（「享保期……」）四〇五―四〇六頁。

（7）防府市教育委員会『防府市史　下巻』（増補再版）一九六九年、六二六頁。防府市史編纂委員会編『防府市史　通史近世』一九九九年、四〇一―四〇三頁。山本あきこ「西目山の麓から㉚　防府鋳物記念館1」『ほうふ日報』二〇二一年七月一三日。

（8）拙著前掲、一五―二二頁。拙稿「江戸後期萩藩の経営会計制度―宝暦～天保・弘化期における積極財政への展開―」『大阪学院大学通信』第五二巻一一号、二〇二二年、一―七六頁。

（9）拙著前掲、一八―一九頁参照。

（10）毛利家文書『長崎大年寄高嶋四郎太夫江　郡司源之丞其外炮術入門として長崎被差越旨一件　天保十二丑八月』天保一二年（一八四一）、山口県文書館所蔵。なおこれに関する詳細は、次著にも詳しい。末松謙澄『修訂防長回天史　上』柏書房、一九六七年、八〇―八四頁。小川亜弥子『幕末期長州藩洋学史の研究』思文閣出版、一九九八年、二七―二八頁。萩市史編纂委員会編前掲書、八七六―八七七頁。拙著前掲、二六―二八頁。

（11）末松前掲書、八五―八六頁。

（12）安政二年（一八五五）差出郡司右平次勤功書による。県史編纂所史料四六（一）「郡司右平次勤功書安政二年」、山口文書館蔵。山本・河野前掲書、四七―五一頁。拙稿「江戸後期における長州藩の大砲鋳造活動考―右平次（喜平治）勤功書を中心として―」『伝統技術研究』第四号、二〇一二年、二九―三二頁。拙稿「萩藩における鉄製大砲の鋳造―花岡の大砲・『御筒数』・『鑛鐵大砲鋳造之法』―」『伝統技術研究』第一四号、二〇二一年、一〇―一一頁。なお、クーホールは小型の手臼砲（二人くらいで持ち運ぶことができる小型の臼砲）である。キューポールとかクーホルン（牛の角笛）ともいう。

(13) 郡司健・小川忠文「長州藩の鉄製大砲―下松市花岡勘場跡の銑鉄大砲―」『銃砲史研究』第三九三号、二〇二一年、六二―六三頁。拙稿前掲（「萩藩における鉄製大砲の鋳造」）、七―一九頁。

(14) 末松前掲書、七〇頁、八六頁。木村紀八郎『剣客斎藤弥九郎伝』鳥影社、二〇〇一年、二二一―二二三頁。吉田松陰「廻浦紀略」山口県教育会編纂『吉田松陰全集　第九巻』大和書房、一九七四年、一一―二二頁。山口博物館『維新の先覚　吉田松陰』山口県教育会、一九九〇年一五頁。

(15) 拙著前掲、一一三―一一六頁。「高竈ニ関する山田來原書簡」（京都大学経済学部図書室所蔵）。妻木忠太『來原良蔵傳上・下』村田書店、一九四〇年、（下）、七一―七二頁、七三―七四頁。堀江保蔵「山口藩に於ける幕末の洋式工業」『経済論叢』第四〇巻第一号、一九三五年、一五三―一六五頁。

(16) 拙著前掲、一二〇頁、一三三―一三四頁。庚申丸の設計は藤井勝之進が行い、大艦製造方検使役・大砲鋳造方掛は藤井百合吉であった。また、出雲大社の銅鳥居の柱には冶工郡司喜兵衛（信安）とともに大工藤井又兵衛の名が刻まれている。藤井百合吉は御大工頭として八四石余を給せられていた。藤井氏もまた技術系藩士であったようである。萩郷土文化研究会『萩藩分限帳　改訂復刻版』一九七九年、一八七―一八九頁、二九九―三〇〇頁。樹下明紀・田村哲夫編『萩藩給禄帳』マツノ書店、二八三頁。

(17) 時山編前掲書、四一八頁。末松前掲書、四八六頁。小郡の鋳砲所（小郡鋳造局）には水車錐通場（砲身穿孔機）だけでなく、反射炉か溶鉱炉が設けられていたようである。金子功『反射炉Ⅰ―大砲をめぐる社会史―』法政大学出版局、一九九五年、二〇七―二一一頁。

(18) 安政五年（一八五八）・文久三年（一八六三）・元治二年（一八六五）・明治二年（一八六九）差出郡司右平次勤功書による。県史編纂所史料四六（一）「郡司右平次勤功書」、同五七三―一「同文久三年」、同五七三―三「同明治二年」山口文書館蔵。山本・河野前掲書、五二一―五五頁。拙稿前掲（「萩藩における鉄製大砲の鋳造」）、一〇一―一一頁。

(19)「異賊防禦御手当沙汰控」道迫真吾「萩反射炉関連史料の調査研究報告（第二報）」『萩博物館調査研究報告』第七号、二〇一一年、二一頁―二二頁所収。「元治元年六月　郡司右平治勤功詮議」「毛利家文庫七三藩臣履歴」一八一丁。「文久三年一〇月差出」・「元治二年差出」・「明治二年差出」郡司右平次勤功書、山本・河野前掲書、一〇頁、五三―五五頁。萩市史編纂委員会編前掲書、九三六頁。小郡町史編纂委員会編『小郡町史』一九七九年、二〇九頁。

(20) 時山編前掲書、四〇五頁。村田峯次郎『近世防長史談』大小社、一九二七年、九九頁、一七五頁。藤田洪太郎「忘れ去られた萩の世界遺産候補～大砲鋳造所跡～」『長州の科学技術～近代化への軌跡～』第三号、二〇〇八年、四三―四六頁。道迫真吾「『大砲鋳造石組遺構』の移築復元整備について」萩博物館『幕末長州藩の科学技術―大砲づくりに挑んだ男たち―』二〇〇六年、七〇―七三頁。

謝辞

下関戦争の結果、英仏蘭米四か国に分配された大砲のうちとくに英仏蘭の欧州三か国の大砲の探訪の経過については、小中高校生向けの冊子『海を渡った長州砲―ロンドンの大砲、萩に帰る―』(萩ものがたり、二〇〇八年)において公表した。そしてアメリカの大砲を含めたその後の内容については『長州砲探求―海を渡った大砲とその後―』(アクセス社、二〇一六年、改訂版二〇一八年)に纏めてみた。これも前著の続編ということで小中高校生向きに書いた。

その後もこれら長州砲の意義や、長州砲に関する疑問等について色々調べ、幕末長州科学技術史研究会(通称「幕長研」)機関誌『長州の科学～技術近代化への軌跡～』、大阪学院大学通信教育部機関誌『大阪学院大学通信』、伝統技術研究会の機関誌『伝統技術研究』、国際日本文化研究センターの笠谷和比古先生の研究会や笠谷先生編著の『一八世紀日本の文化状況と国際環境』(思文閣出版、二〇一一年)および『徳川社会と日本の近代化』(思文閣出版、二〇一五年)』等において論文等を公表してきた。そして、このような長州砲を含む西洋兵学導入と近代化活動の幕末史的意義を拙著『幕末の長州藩―西洋兵学と近代化―』の中で考察してきた。

本書は実のところ前掲の拙著『幕末の長州藩』よりも前に一般向けに書き改めて刊行するつもりでいた。二〇〇〇年に萩を訪れて以来三、四年の内に纏めるつもりであったものが、色々調べ直し、もちろん本来の研究（会計学）も優先しなければならないし、途中体調を崩し入退院とリハビリなどのため大幅に遅れ、結果的に二〇年以上かかったこととなる。今年に到っても、業務や他の著作を優先したため、大幅に遅れてしまった。このように、長州砲を巡る諸相・背景を理解し、腑に落ちるまで実に二〇年以上を要し、いまだに迷いは完全に払拭されたと断言できる状態にはない。

この二〇年余取り組んできたこのテーマには、多くの方の理解と励ましがあり、この著書の完成を楽しみにしていただきながら、ついに見ていただけなくなった方も多い。筆者自身もいつまでも元気で生存しつづける保証はないのである。そこで思い切って刊行に踏み切ることに決心した次第である。ところで、前記二著作において筆者は次のような謝辞を述べた（肩書等は当時）。

「本稿をまとめるにあたり、次の方々ならびに各機関からは貴重な資料を提供いただき、写真撮影等を快諾され、ご協力いただきました。このことに心から厚くお礼申しあげます。

オランダ人ジャーナリストマルセル・レメンズ氏夫妻、デン・ヘルダー海軍博物館（レオン・ホンブルク学芸員）、アムステルダム国立博物館（セント・ニコラス学芸員、ヤン・デ・ホント博士）、アンヴァリッド軍事博物館、オルレアン大学アラン・フルーリ教授、大手前大学松村昌家名誉教授（元同志社大学・神戸女学院大学教授）、王立大砲博物館（アイリーン・ヌーン統轄官、マーク・スミス理事、マシュー・バック元研究員、ポール・エバンス研究員）、ヴィクトリア&アルバート博物館（ネイル・カールトン研究員）、駐英日本大使館（水鳥真美参事官、大塚雅也一等書記官）、山口日英協会（池本和人会長）、萩博物館（高木正熙館長、樋口尚樹副館長、道迫真吾学芸員）、長府博物館（古城春樹館長・田中洋一学芸員）、大照院（清水宗杲院主）、丹青社松丸裕之氏。

なお、胝定昌絵巻の解読は、茨木市在住で元高校教師の石川優子先生によるものであり、筆者がこれを現代文に意訳したものである。石川先生には心から厚くお礼申し上げます。絵巻の一部使用を認めていただいた王立大砲博物館のバック氏およびカールトン氏と王立オンタリオ博物館の厚意に感謝の意を表します。

また、野村興兒市長をはじめ萩市の皆様、ならびに幕末長州科学技術史研究会とくに古川薫名誉会長、樹下明紀会長、金谷天満宮宮司陽信孝先生、幹事の藤田洪太郎氏・森本文規氏・森田美知代氏はじめ研究会の皆様には大変お世話になりました。さらには、筆者の勤務する大阪学院大学では総長白井善康先生はじめ通信教育部長船本修三教授から大砲技術等に関する筆者の拙い研究について公表する機会を様々の形でいただいた。技術士の小浜弘幸先生を代表とする伝統技術研究会の仲間には大砲技術・理化学技術等様々のことを教わった。とくに研究会事務局の石倉弘樹教授（本学商学部）には一方ならぬお世話になった。あらためて心から厚くお礼申しあげます。さらに、私のこの道楽を温かく支えてくれ、たびたび病気や怪我に見舞われる中、海外の調査にも積極的に同行し助けてくれた、妻絹子や家族に心から感謝します。」

本書は実に多くの方々のご協力とご支援、励ましを賜った。それにも関わらず貧弱な内容でまことにお恥ずかしい限りである。と同時に、この間本書を真っ先に奉呈すべき大切な方の中にはすでに他界された方もおられる。

筆者の大砲に関する研究に大いに興味を示され、伝統技術研究会を立ち上げ代表になっていただいた小浜弘幸先生、下関戦争に関する詳細な科学分析の知識をご教示いただき「伝統技術研究」に毎回執筆してその質の維持向上にご尽力いただいた郷土歴史家・物理教師で幕長研会員であられた中本静暁先生、長州砲について今日まで追及してこられ、いつも精力的に著作や講演をこなされるとともに、幕長研顧問でもあられた古川薫先生、英国の長州砲里帰りなどに多大のご尽力を賜り、その後も筆者の研究を常に暖かく督励していただいた松村昌家先生、いつも温和に接していただき防長の歴史についてご教示いただいた歴史研究家で幕長研初代会長の樹下明紀先生、さらに当初から「キャノン（大砲）の研究」に興味を示され、学際的、総合学術的研究の振興に深い理解を示された大阪学院大学名誉総長白井善康先生、これまでに賜った先生方のご厚情に心から感謝を申し上げます。

最後に、本書の作成にあたっては萩市、下関市、そして何よりも大阪学院大学から公私にわたり多大のご支援を賜った。このことについて皆様に心から厚くお礼申し上げます。大変有り難うございました。

〈著者紹介〉

郡司　健（ぐんじ たけし）

1947年、山口県生まれ。
大阪学院大学総合学術研究所教授・同所長
経営学博士（兵庫県立神戸商科大学、〈現〉兵庫県立大学）
公認会計士試験委員（2006年12月～2010年2月）

著書
『連結会計制度論　―ドイツ連結会計報告の国際化対応―』（中央経済社、2000年、日本会計研究学会太田・黒澤賞受賞）
『海を渡った長州砲　―ロンドンの大砲、萩に帰る―』（萩ものがたり、2008年）
『幕末の長州藩　―西洋兵学と近代化―』（鳥影社、2019年）
他

幕末の大砲、海を渡る
―長州砲探訪記―

2022年8月8日初版第1刷発行
著　者　郡司 健
発行者　百瀬 精一
発行所　鳥影社 (www.choeisha.com)
〒160-0023 東京都新宿区西新宿3-5-12トーカン新宿7F
電話 03-5948-6470, FAX 0120-586-771
〒392-0012 長野県諏訪市四賀229-1(本社・ 編集室)
電話 0266-53-2903, FAX 0266-58-6771
印刷・製本　モリモト印刷

ISBN978-4-86265-975-0 C0021